3年生達成表
めざせ！計算の王様！
1ページ おわるごとに、シールを 1つずつ
じゅん番に はろう！
ぜんぶ はれたら、きみは 計算の 王様だ！
1
2
3
4
5
6
7
8
9
10
がんばった!
11
12
13
14
15
16
17
18
19
20
がんばった!
21
22
23
24
25
26
27
28
29
30
がんばった!
31
32
33
34
35
36
37
38
39
40
がんばった!
41
42
43
44
45
46
47
48
49
50
がんばった!
51
52
53
54
55
56
57
58
59
60
がんばった!
61
62
63
64
65
66
67
68
69
70
がんばった!
71
72
73
74
75
76
77
78
79
80
がんばった!
81
85
86
87
88
89
90
がんばった!
91
92
93
94
95
GOAL
ゴール
JN047425

このドリルの特長と使い方

このドリルは，「苦手をつくらない」ことを目的としたドリルです。単元ごとに「計算のしくみを理解するページ」と「くりかえし練習するページ」をもうけて，段階的に計算のしかたを学ぶことができます。

① 

計算のしくみを理解するためのページです。計算のしかたのヒントが載っていますので，これにそって計算のしかたを学習しましょう。

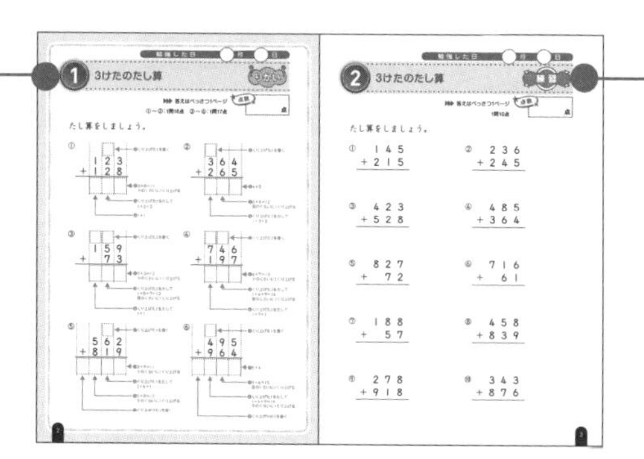

② 

「理解」で学習したことを身につけるための練習ページです。「理解」で学習したことを思い出しながら計算していきましょう。

③ ニガテ

間違えやすい計算は，別に単元を設けています。こちらも「理解」→「練習」と段階をふんでいますので，重点的に学習することができます。

小学計算問題の正しい解き方

もくじ

編集／大中菜々子　編集協力／有限会社 マイプラン 反橋たかみ　校正／坂東ゆかり・牧野文ずさ　装丁デザイン／養父正一・松田英之（EYE-Some Design）
装丁・シールイラスト／北田哲也　本文デザイン／ハイ制作室 若林千秋　本文イラスト／西村博子

1 3けたのたし算

①～②：1問16点　③～⑥：1問17点

たし算をしましょう。

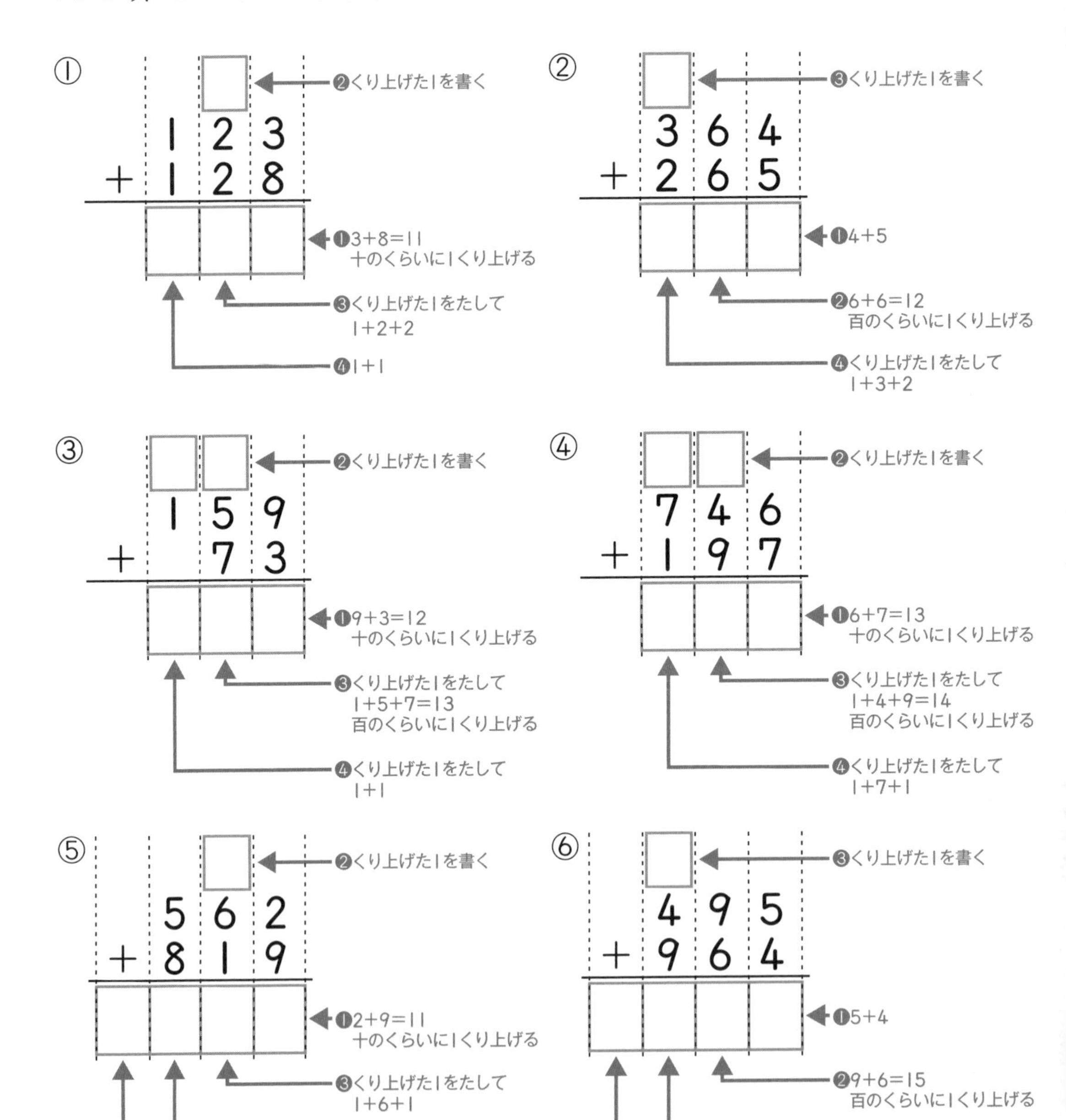

3けたのたし算

▶▶▶ 答えはべっさつ1ページ

1問10点

点

たし算をしましょう。

① $\begin{array}{r} 145 \\ +\ 215 \\ \hline \end{array}$

② $\begin{array}{r} 236 \\ +\ 245 \\ \hline \end{array}$

③ $\begin{array}{r} 423 \\ +\ 528 \\ \hline \end{array}$

④ $\begin{array}{r} 485 \\ +\ 364 \\ \hline \end{array}$

⑤ $\begin{array}{r} 827 \\ +\ \ 72 \\ \hline \end{array}$

⑥ $\begin{array}{r} 716 \\ +\ \ 61 \\ \hline \end{array}$

⑦ $\begin{array}{r} 188 \\ +\ \ 57 \\ \hline \end{array}$

⑧ $\begin{array}{r} 458 \\ +\ 839 \\ \hline \end{array}$

⑨ $\begin{array}{r} 278 \\ +\ 918 \\ \hline \end{array}$

⑩ $\begin{array}{r} 343 \\ +\ 876 \\ \hline \end{array}$

3 4けたのたし算

▶▶▶ 答えはべっさつ1ページ

①〜②:1問16点　③〜⑥:1問17点

たし算をしましょう。

①

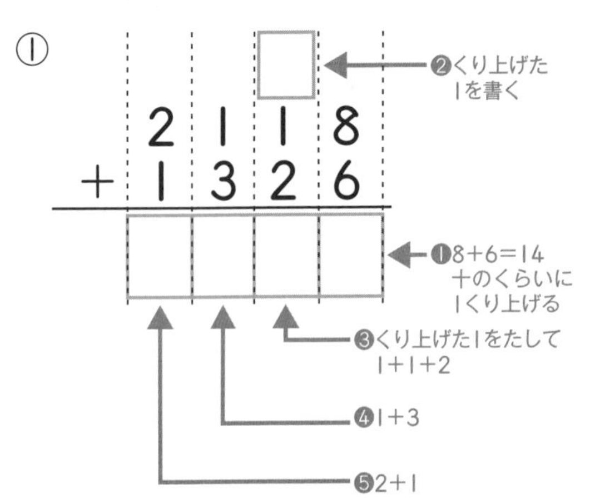

②

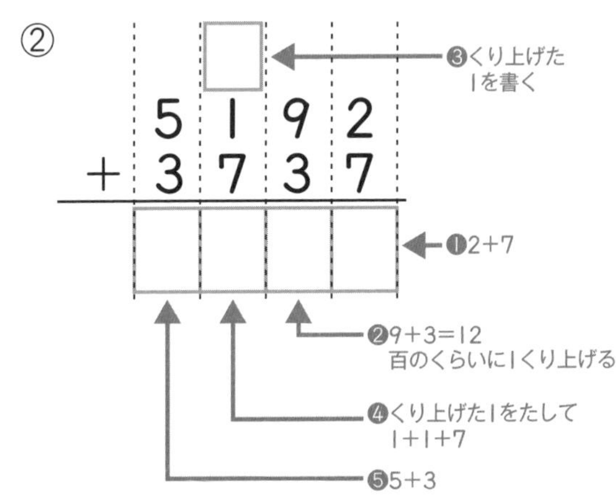

③

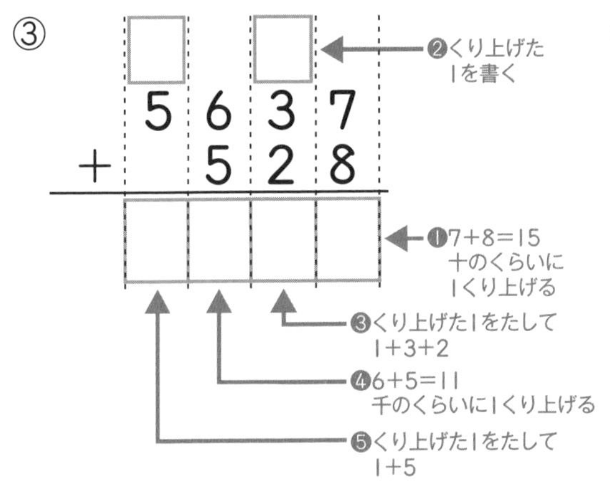

④

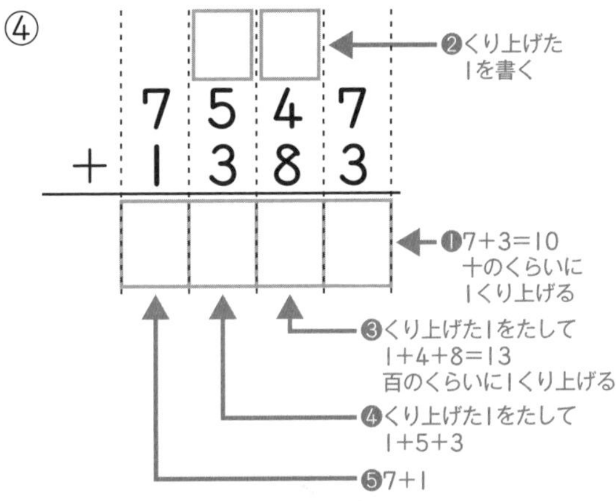

⑤

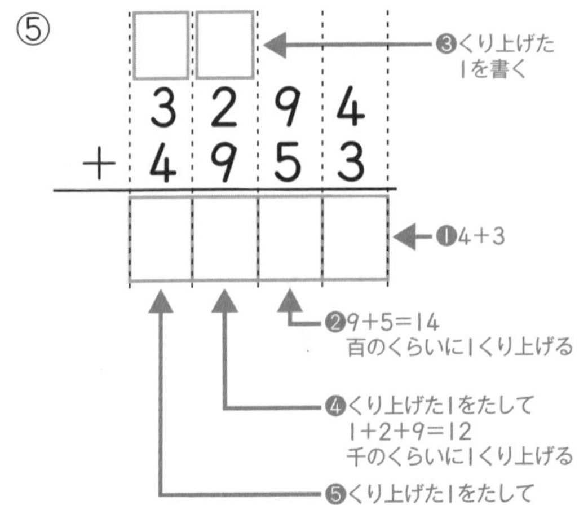

⑥

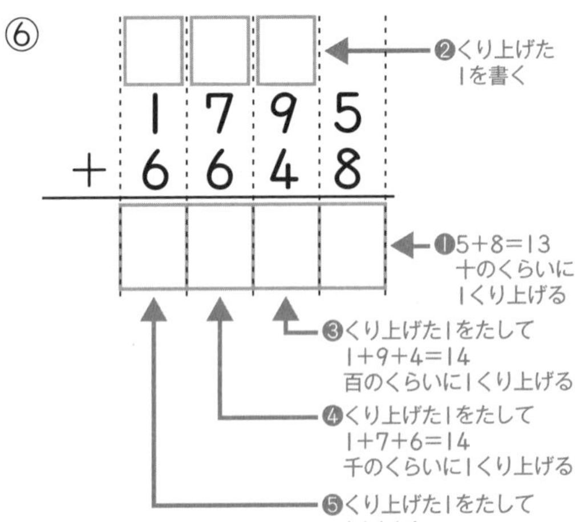

4けたのたし算

1問10点

点

たし算をしましょう。

①
$$\begin{array}{r} 1215 \\ +\ 1116 \\ \hline \end{array}$$

②
$$\begin{array}{r} 1224 \\ +\ 1218 \\ \hline \end{array}$$

③
$$\begin{array}{r} 5283 \\ +\ 2243 \\ \hline \end{array}$$

④
$$\begin{array}{r} 3664 \\ +\ 6291 \\ \hline \end{array}$$

⑤
$$\begin{array}{r} 6152 \\ +\ \ 936 \\ \hline \end{array}$$

⑥
$$\begin{array}{r} 4653 \\ +\ \ 728 \\ \hline \end{array}$$

⑦
$$\begin{array}{r} 2474 \\ +\ \ 718 \\ \hline \end{array}$$

⑧
$$\begin{array}{r} 7139 \\ +\ 1276 \\ \hline \end{array}$$

⑨
$$\begin{array}{r} 2757 \\ +\ 3198 \\ \hline \end{array}$$

⑩
$$\begin{array}{r} 3875 \\ +\ 3454 \\ \hline \end{array}$$

4けたのたし算

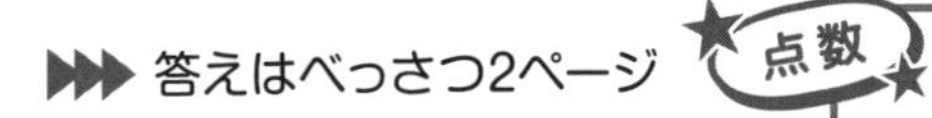

答えはべっさつ2ページ

1問10点

点

たし算をしましょう。

① $\begin{array}{r} 1348 \\ +\ 1885 \\ \hline \end{array}$

② $\begin{array}{r} 1466 \\ +\ 2667 \\ \hline \end{array}$

③ $\begin{array}{r} 3564 \\ +\ 1577 \\ \hline \end{array}$

④ $\begin{array}{r} 2755 \\ +\ 2857 \\ \hline \end{array}$

⑤ $\begin{array}{r} 3348 \\ +\ 3869 \\ \hline \end{array}$

⑥ $\begin{array}{r} 5123 \\ +\ 1988 \\ \hline \end{array}$

⑦ $\begin{array}{r} 4197 \\ +\ 2817 \\ \hline \end{array}$

⑧ $\begin{array}{r} 1864 \\ +\ 6677 \\ \hline \end{array}$

⑨ $\begin{array}{r} 3652 \\ +\ 2598 \\ \hline \end{array}$

⑩ $\begin{array}{r} 4367 \\ +\ 1639 \\ \hline \end{array}$

小学算数 計算問題の正しい解き方ドリル 3年・べっさつ

答えとおうちのかた手引き

1 3けたのたし算 りかい

▶▶▶本さつ2ページ

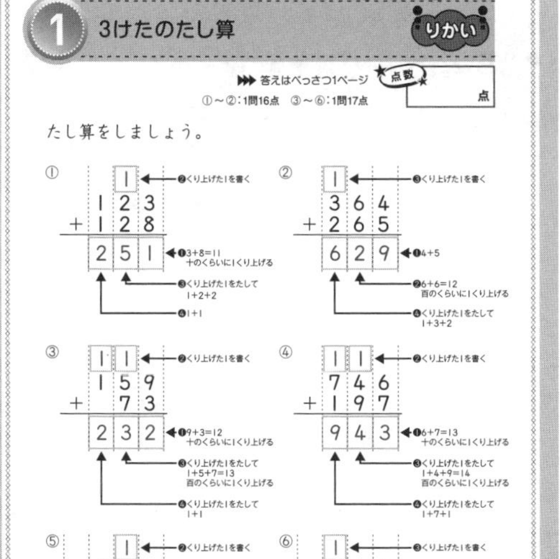

勉強した日 月 日

1 3けたのたし算 りかい

▶▶▶答えはべっさつ1ページ 点数 点

①～②：1問16点 ③～⑥：1問17点

たし算をしましょう。

① 123 + 128 = 251
❶3+8=11 十のくらいに1くり上げる
❷くり上げた1を書く
❸くり上げた1をたして 1+2+2
❹1+1

② 364 + 265 = 629
❶4+5
❷6+6=12 百のくらいに1くり上げる
❸くり上げた1を書く
❹くり上げた1をたして 1+3+2

③ 159 + 73 = 232
❶9+3=12 十のくらいに1くり上げる
❷くり上げた1を書く
❸くり上げた1をたして 1+5+7=13 百のくらいに1くり上げる
❹くり上げた1をたして 1+1

④ 746 + 197 = 943
❶6+7=13 十のくらいに1くり上げる
❷くり上げた1を書く
❸くり上げた1をたして 1+4+9=14 百のくらいに1くり上げる
❹くり上げた1をたして 1+7+1

⑤ 562 + 819 = 1381
❶2+9=11 十のくらいに1くり上げる
❷くり上げた1を書く
❸くり上げた1をたして 1+6+1
❹5+8=13 千のくらいに1くり上げる
❺くり上がりの1を書く

⑥ 495 + 964 = 1459
❶5+4
❷9+6=15 百のくらいに1くり上げる
❸くり上げた1を書く
❹くり上げた1をたして 1+4+9=14 千のくらいに1くり上げる
❺くり上がりの1を書く

2

ポイント

くらいをそろえて筆算にします。くり上がりに注意して，一のくらいからじゅんに計算しましょう。

3 4けたのたし算 りかい

▶▶▶本さつ4ページ

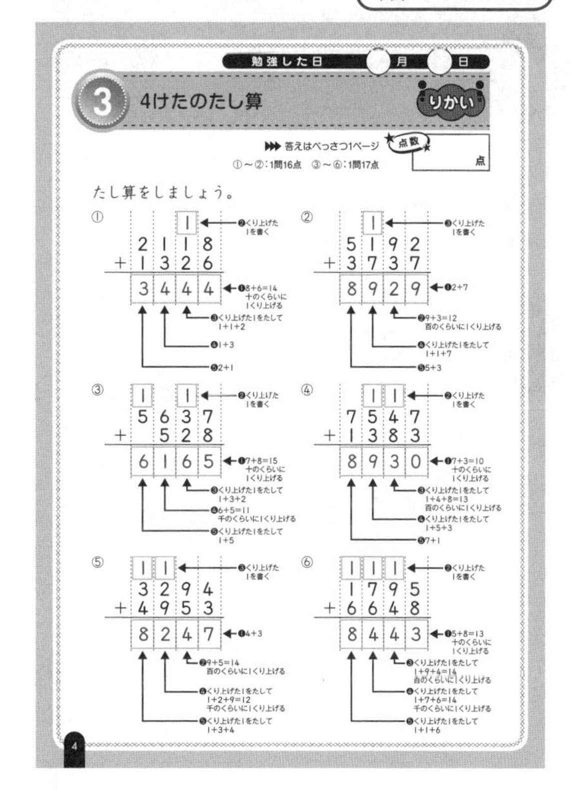

勉強した日 月 日

3 4けたのたし算 りかい

▶▶▶答えはべっさつ1ページ 点数 点

①～②：1問16点 ③～⑥：1問17点

たし算をしましょう。

① 2118 + 1326 = 3444
❶8+6=14 十のくらいに1くり上げる
❷くり上げた1を書く
❸くり上げた1をたして 1+1+2
❹1+3
❺2+1

② 5192 + 3737 = 8929
❶2+7
❷9+3=12 百のくらいに1くり上げる
❸くり上げた1を書く
❹くり上げた1をたして 1+1+7
❺5+3

③ 5637 + 528 = 6165
❶7+8=15 十のくらいに1くり上げる
❷くり上げた1を書く
❸くり上げた1をたして 1+3+2
❹6+5=11 千のくらいに1くり上げる
❺くり上げた1をたして 1+5

④ 7547 + 1383 = 8930
❶7+3=10 十のくらいに1くり上げる
❷くり上げた1を書く
❸くり上げた1をたして 1+4+8=13 百のくらいに1くり上げる
❹くり上げた1をたして 1+5+3
❺7+1

⑤ 3294 + 4953 = 8247
❶4+3
❷9+5=14 百のくらいに1くり上げる
❸くり上げた1を書く
❹くり上げた1をたして 1+2+9=12 千のくらいに1くり上げる
❺くり上げた1をたして 1+3+4

⑥ 1795 + 6648 = 8443
❶5+8=13 十のくらいに1くり上げる
❷くり上げた1を書く
❸くり上げた1をたして 1+9+4=14 百のくらいに1くり上げる
❹くり上げた1をたして 1+7+6=14 千のくらいに1くり上げる
❺くり上げた1をたして 1+1+6

4

ポイント

くらいをそろえて筆算にします。くり上がりに注意して，一のくらいからじゅんに計算しましょう。

2 3けたのたし算 練習

▶▶▶本さつ3ページ

① 360 ② 481 ③ 951 ④ 849
⑤ 899 ⑥ 777 ⑦ 245 ⑧ 1297
⑨ 1196 ⑩ 1219

4 4けたのたし算 練習

▶▶▶本さつ5ページ

① 2331 ② 2442 ③ 7526 ④ 9955
⑤ 7088 ⑥ 5381 ⑦ 3192 ⑧ 8415
⑨ 5955 ⑩ 7329

5 4けたのたし算

▶▶▶本さつ6ページ

① 3233　② 4133　③ 5141　④ 5612
⑤ 7217　⑥ 7111　⑦ 7014　⑧ 8541
⑨ 6250　⑩ 6006

ポイント

くり上がりが 3 回ある 4 けたのたし算です。
くり上がりに注意しましょう。

6 4けたのたし算

▶▶▶本さつ7ページ

① 4111　② 6108　③ 8366　④ 4110
⑤ 7127　⑥ 5435　⑦ 3985　⑧ 8220
⑨ 8100　⑩ 9040

7 3けたのひき算

▶▶▶本さつ8ページ

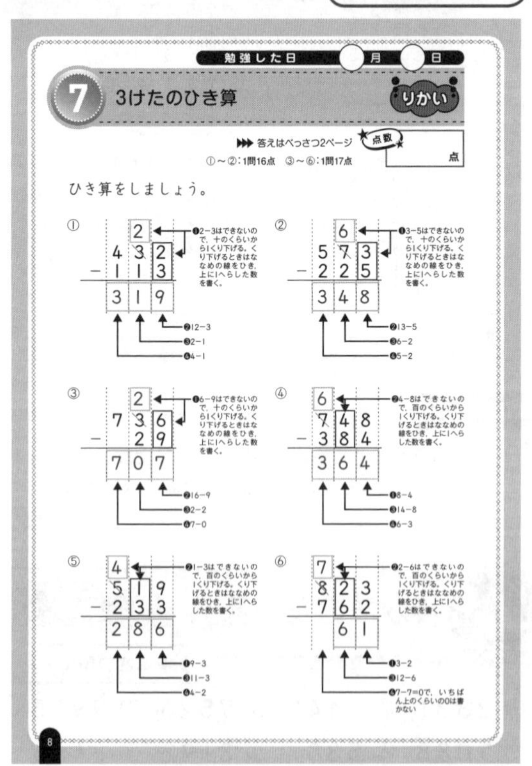
勉強した日　月　日

7 3けたのひき算　りかい

▶▶▶答えはべっさつ2ページ　点数　点
①〜②:1問16点　③〜⑥:1問17点

ひき算をしましょう。

① 432 − 113 = 319
❶2−3はできないので、十のくらいから1くり下げる。くり下げるときはななめの線をひき、上に1へらした数を書く。 ❷12−3 ❸2−1 ❹4−1

② 573 − 225 = 348
❶3−5はできないので、十のくらいから1くり下げる。くり下げるときはななめの線をひき、上に1へらした数を書く。 ❷13−5 ❸6−2 ❹5−2

③ 736 − 29 = 707
❶6−9はできないので、十のくらいから1くり下げる。くり下げるときはななめの線をひき、上に1へらした数を書く。 ❷16−9 ❸2−2 ❹7−0

④ 748 − 384 = 364
❶4−8はできないので、百のくらいから1くり下げる。くり下げるときはななめの線をひき、上に1へらした数を書く。 ❷8−4 ❸14−8 ❹6−3

⑤ 519 − 233 = 286
❶1−3はできないので、百のくらいから1くり下げる。くり下げるときはななめの線をひき、上に1へらした数を書く。 ❷9−3 ❸11−3 ❹4−2

⑥ 823 − 762 = 61
❶2−6はできないので、百のくらいから1くり下げる。くり下げるときはななめの線をひき、上に1へらした数を書く。 ❷3−2 ❸12−6 ❹7−7=0で、いちばん上のくらいの0は書かない

8

ポイント

くらいをそろえて筆算にします。くり下がりに注意して，一のくらいからじゅんに計算しましょう。⑥のように，いちばん上のくらいが 0 になるときは，0 を書きません。

8 3けたのひき算

▶▶▶本さつ9ページ

① 119　② 334　③ 317　④ 618
⑤ 209　⑥ 684　⑦ 462　⑧ 162
⑨ 492　⑩ 94

9 4けたのひき算

▶▶▶本さつ10ページ

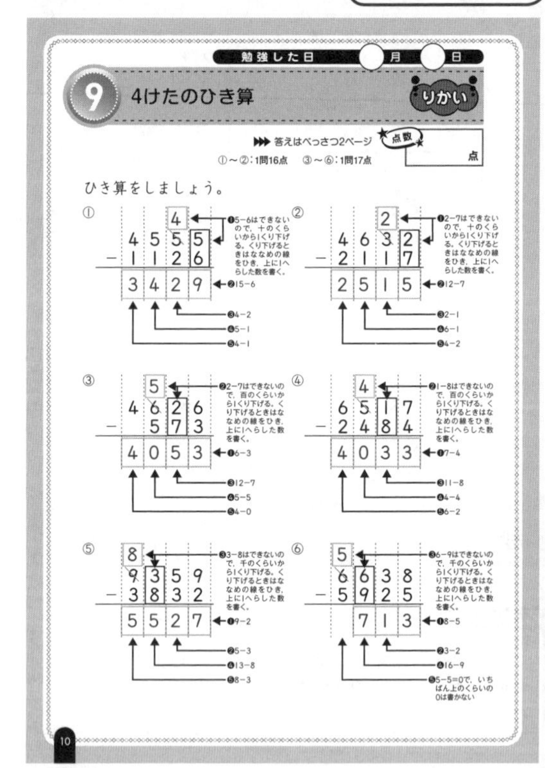
勉強した日　月　日

9 4けたのひき算　りかい

▶▶▶答えはべっさつ2ページ　点数　点
①〜②:1問16点　③〜⑥:1問17点

ひき算をしましょう。

① 4555 − 1126 = 3429
❶5−6はできないので、十のくらいから1くり下げる。くり下げるときはななめの線をひき、上に1へらした数を書く。 ❷15−6 ❸4−2 ❹5−1 ❺4−1

② 4632 − 2117 = 2515
❶2−7はできないので、十のくらいから1くり下げる。くり下げるときはななめの線をひき、上に1へらした数を書く。 ❷12−7 ❸2−1 ❹6−1 ❺4−2

③ 4626 − 573 = 4053
❶2−7はできないので、百のくらいから1くり下げる。くり下げるときはななめの線をひき、上に1へらした数を書く。 ❷6−3 ❸12−7 ❹5−5 ❺4−0

④ 6517 − 2484 = 4033
❶1−8はできないので、百のくらいから1くり下げる。くり下げるときはななめの線をひき、上に1へらした数を書く。 ❷7−4 ❸11−8 ❹4−4 ❺6−2

⑤ 9359 − 3832 = 5527
❶3−8はできないので、千のくらいから1くり下げる。くり下げるときはななめの線をひき、上に1へらした数を書く。 ❷9−2 ❸5−3 ❹13−8 ❺8−3

⑥ 6638 − 5925 = 713
❶6−9はできないので、千のくらいから1くり下げる。くり下げるときはななめの線をひき、上に1へらした数を書く。 ❷8−5 ❸3−2 ❹16−9 ❺5−5=0で、いちばん上のくらいの0は書かない

10

ポイント

4 けたのひき算も 3 けたのひき算と同じように計算します。くり下がりに注意して，一のくらいからじゅんに計算しましょう。

10 4けたのひき算

▶▶▶本さつ11ページ

① 1428 ② 1447 ③ 2116 ④ 3318
⑤ 4184 ⑥ 6152 ⑦ 6285 ⑧ 2713
⑨ 641 ⑩ 2815

11 くり下がりが2回以上あるひき算 りかい

▶▶▶本さつ12ページ

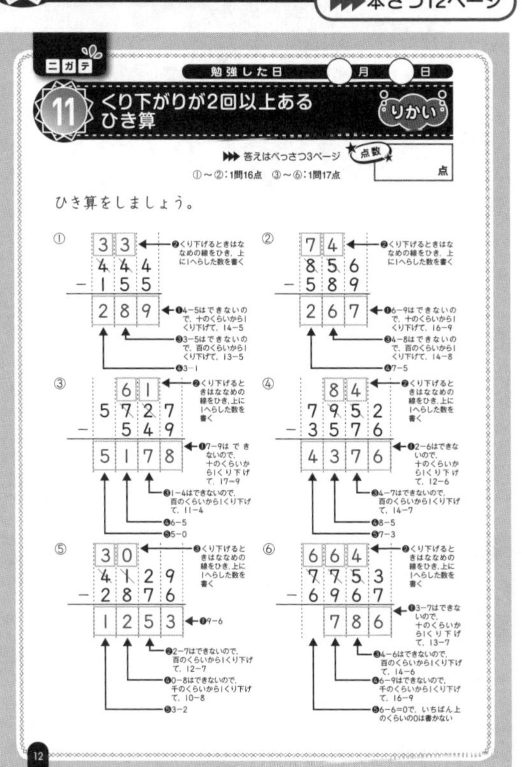
ニガテ

勉強した日　月　日

11 くり下がりが2回以上あるひき算 りかい

▶▶▶ 答えはべっさつ3ページ　点数　点

①～②：1問16点　③～⑥：1問17点

ひき算をしましょう。

① $444 - 155 = 289$
❶4−5はできないので，十のくらいから1くり下げて，14−5
❷くり下げるときはななめの線をひき，上に1へらした数を書く
❸3−5はできないので，百のくらいから1くり下げて，13−5
❹3−1

② $856 - 589 = 267$
❶6−9はできないので，十のくらいから1くり下げて，16−9
❷くり下げるときはななめの線をひき，上に1へらした数を書く
❸4−8はできないので，百のくらいから1くり下げて，14−8
❹7−5

③ $5727 - 549 = 5178$
❶7−9はできないので，十のくらいから1くり下げて，17−9
❷くり下げるときはななめの線をひき，上に1へらした数を書く
❸1−4はできないので，百のくらいから1くり下げて，11−4
❹6−5
❺5−0

④ $7952 - 3576 = 4376$
❶2−6はできないので，十のくらいから1くり下げて，12−6
❷くり下げるときはななめの線をひき，上に1へらした数を書く
❸4−7はできないので，百のくらいから1くり下げて，14−7
❹8−5
❺7−3

⑤ $4129 - 2876 = 1253$
❶9−6
❷2−7はできないので，百のくらいから1くり下げて，12−7
❸くり下げるときはななめの線をひき，上に1へらした数を書く
❹0−8はできないので，千のくらいから1くり下げて，10−8
❺3−2

⑥ $7753 - 6967 = 786$
❶3−7はできないので，十のくらいから1くり下げて，13−7
❷くり下げるときはななめの線をひき，上に1へらした数を書く
❸4−6はできないので，百のくらいから1くり下げて，14−6
❹6−9はできないので，千のくらいから1くり下げて，16−9
❺6−6=0で，いちばん上のくらいの0は書かない

12

ポイント

くらいをそろえて筆算にします。くり下がりに注意して，一のくらいからじゅんに計算しましょう。

ここが ニガテ

くり下がりが2回以上ある3けた，4けたのひき算です。1回目のくり下がりのときに，くり下げたあとの1へらした数を書き忘れて間違える場合が多いので，必ず1へらした数を書くようにしましょう。

① 78 ② 66 ③ 58 ④ 357
⑤ 465 ⑥ 452 ⑦ 48 ⑧ 469
⑨ 386 ⑩ 63

① 1188 ② 1345 ③ 2279 ④ 4157
⑤ 4265 ⑥ 5874 ⑦ 2884 ⑧ 4875
⑨ 6591 ⑩ 452

① 2165 ② 1528 ③ 1148 ④ 4178
⑤ 2915 ⑥ 3359 ⑦ 3339 ⑧ 1757
⑨ 4869 ⑩ 887

15 ひかれる数に0があるひき算 りかい

▶▶▶本さつ16ページ

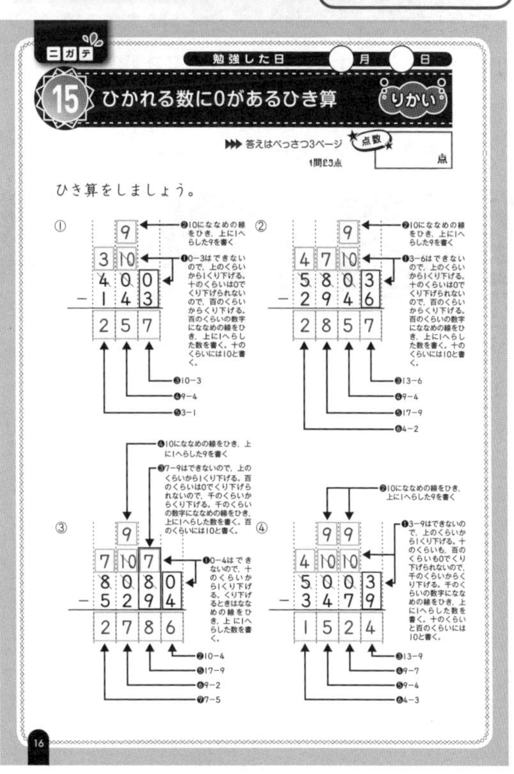
ニガテ

勉強した日　月　日

15 ひかれる数に0があるひき算 りかい

▶▶▶ 答えはべっさつ3ページ　点数　点

1問25点

ひき算をしましょう。

① $400 - 143 = 257$
❶0−3はできないので，上のくらいから1くり下げる。十のくらいは0でくり下げられないので，百のくらいからくり下げる。百のくらいの数字にななめの線をひき，上に1へらした数を書く。十のくらいには10と書く。
❷10にななめの線をひき，上に1へらした9を書く
❸10−3
❹9−4
❺3−1

② $5803 - 2946 = 2857$
❶3−6はできないので，上のくらいから1くり下げる。十のくらいは0でくり下げられないので，百のくらいからくり下げる。百のくらいの数字にななめの線をひき，上に1へらした数を書く。十のくらいには10と書く。
❷10にななめの線をひき，上に1へらした9を書く
❸13−6
❹9−4
❺17−9
❻4−2

③ $8080 - 5294 = 2786$
❶0−4はできないので，十のくらいから1くり下げる。くり下げるときはななめの線をひき，上に1へらした数を書く。
❷10−4
❸7−9はできないので，上のくらいから1くり下げる。百のくらいは0でくり下げられないので，千のくらいからくり下げる。千のくらいの数字にななめの線をひき，上に1へらした数を書く。百のくらいには10と書く。
❹10にななめの線をひき，上に1へらした9を書く
❺17−9
❻9−2
❼7−5

④ $5003 - 3479 = 1524$
❶3−9はできないので，上のくらいから1くり下げる。十のくらいも，百のくらいも0でくり下げられないので，千のくらいからくり下げる。千のくらいの数字にななめの線をひき，上に1へらした数を書く。十のくらいと百のくらいには10と書く。
❷10にななめの線をひき，上に1へらした9を書く
❸13−9
❹9−7
❺9−4
❻4−3

16

ここが ニガテ

ひかれる数に 0 があるひき算です。0 があるくらいからはくり下げられないので，もう | つ上のくらいからくり下げます。0 があるくらいは |0 になりますが，| へらして 9 にすることを忘れないようにしましょう。

```
  400←ひかれる数
 −143←ひく数
```

16 ひかれる数に0がある ひき算

練習

▶▶▶本さつ17ページ

① 39　② 104　③ 515　④ 229
⑤ 448　⑥ 135　⑦ 312　⑧ 113
⑨ 578　⑩ 202

17 ひかれる数に0がある ひき算

練習

▶▶▶本さつ18ページ

① 376　② 537　③ 415　④ 827
⑤ 148　⑥ 277　⑦ 159　⑧ 146
⑨ 167　⑩ 514

18 ひかれる数に0がある ひき算

練習

▶▶▶本さつ19ページ

① 1808　② 1954　③ 1678　④ 2807
⑤ 2057　⑥ 1775　⑦ 2399　⑧ 1813
⑨ 2549　⑩ 2089

19 ひかれる数に0がある ひき算

練習

▶▶▶本さつ20ページ

① 3878　② 5765　③ 2788　④ 3908
⑤ 2893　⑥ 2889　⑦ 4767　⑧ 1981
⑨ 1749　⑩ 3217

20 大きな数のたし算・ひき算のまとめ 虫食い算

▶▶▶本さつ21ページ

勉強した日　月　日

20 大きな数のたし算・ひき算のまとめ
虫食い算

▶▶▶答えはべっさつ4ページ

葉っぱの上に書いた，たし算とひき算の筆算が虫に食べられてしまったぞ！
もとの式はどうなっていたか考えて，□に数を書こう！

たし算

```
   1 4 1 1
+  2 9 1 0
   4 3 2 1
```

ひき算

```
   1 5 9 7
−  3 9 3 3
   1 2 3 4
```

21

21 0のかけ算

りかい

▶▶▶本さつ22ページ

① 0　② 0　③ 0　④ 0

ポイント

どんな数に 0 をかけても，答えは 0 になります。
0 にどんな数をかけても，答えは 0 になります。

22 0のかけ算

練習

▶▶▶本さつ23ページ

① 0　② 0　③ 0　④ 0
⑤ 0　⑥ 0　⑦ 0　⑧ 0
⑨ 0　⑩ 0　⑪ 0　⑫ 0
⑬ 0　⑭ 0　⑮ 0　⑯ 0

23 1けたの数をかけるかけ算 ①

▶▶▶本さつ24ページ

① 44　② 36　③ 28　④ 63
⑤ 46　⑥ 96　⑦ 84　⑧ 88

ポイント

くらいをそろえて筆算にします。かける数を，かけられる数の一のくらいからじゅんにかけていきます。

$$\begin{array}{r} 11 \\ \times\ \ 4 \\ \hline \end{array}$$

11←かけられる数
4←かける数

24 1けたの数をかけるかけ算 ①

▶▶▶本さつ25ページ

① 24　② 33　③ 55　④ 26
⑤ 48　⑥ 42　⑦ 44　⑧ 62
⑨ 39　⑩ 64　⑪ 88　⑫ 84

25 1けたの数をかけるかけ算 ②

▶▶▶本さつ26ページ

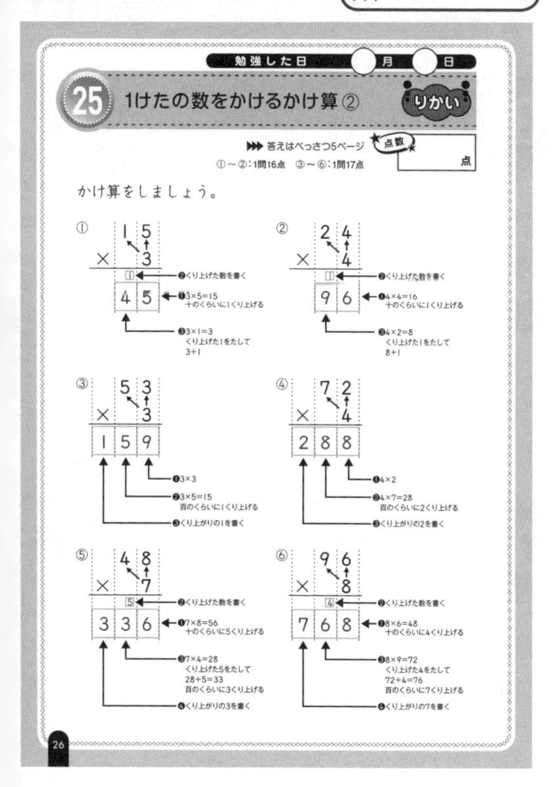

勉強した日　月　日

25 1けたの数をかけるかけ算 ②　りかい

▶▶▶ 答えはべっさつ5ページ　点数　点

①～②：1問16点　③～⑥：1問17点

かけ算をしましょう。

① 15 × 3 = 45
❶3×5=15 十のくらいに1くり上げる
❷くり上げた数を書く
❸3×1=3 くり上げた1をたして 3+1

② 24 × 4 = 96
❶4×4=16 十のくらいに1くり上げる
❷くり上げた数を書く
❸4×2=8 くり上げた1をたして 8+1

③ 53 × 3 = 159
❶3×3
❷3×5=15 百のくらいに1くり上げる
❸くり上がりの1を書く

④ 72 × 4 = 288
❶4×2
❷4×7=28 百のくらいに2くり上げる
❸くり上がりの2を書く

⑤ 48 × 7 = 336
❶7×8=56 十のくらいに5くり上げる
❷くり上げた数を書く
❸7×4=28 くり上げた5をたして 28+5=33 百のくらいに3くり上げる
❹くり上がりの3を書く

⑥ 96 × 8 = 768
❶8×6=48 十のくらいに4くり上げる
❷くり上げた数を書く
❸8×9=72 くり上げた4をたして 72+4=76 百のくらいに7くり上げる
❹くり上がりの7を書く

26

ポイント

くらいをそろえて筆算にします。かける数を，かけられる数の一のくらいからじゅんにかけていきます。くり上がる数に注意しましょう。

15←かけられる数
× 3←かける数

26 1けたの数をかけるかけ算 ②

▶▶▶本さつ27ページ

① 52　② 36　③ 78　④ 74
⑤ 164　⑥ 118　⑦ 189　⑧ 546
⑨ 365　⑩ 336　⑪ 651　⑫ 408

27 1けたの数をかけるかけ算 ③

▶▶▶本さつ28ページ

① 246　② 848　③ 693　④ 624
⑤ 663　⑥ 248　⑦ 484　⑧ 969

ポイント

(3けた)×(1けた)のかけ算です。(2けた)×(1けた)と同じように，一のくらいからじゅんにかけていきます。

28 1けたの数をかけるかけ算 ③

▶▶▶本さつ29ページ

① 222　② 242　③ 424　④ 333
⑤ 555　⑥ 636　⑦ 262　⑧ 662
⑨ 639　⑩ 444　⑪ 366　⑫ 884

29 1けたの数をかける かけ算④

りかい

▶▶▶本さつ30ページ

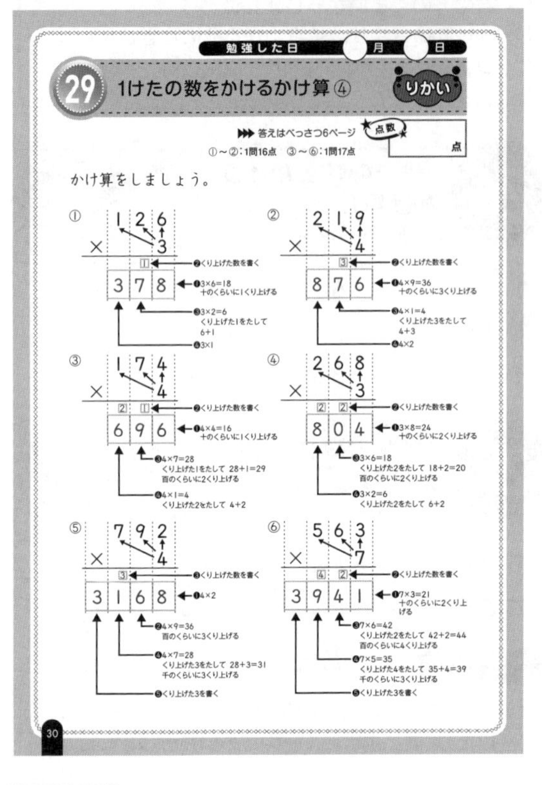
勉強した日　月　日

29 1けたの数をかけるかけ算④ りかい

▶▶▶答えはべっさつ6ページ

点数　点

①～②：1問16点　③～⑥：1問17点

かけ算をしましょう。

① 126 × 3 = 378
❶3×6=18 十のくらいに1くり上げる
❷くり上げた数を書く
❸3×2=6 くり上げた1をたして 6+1
❹3×1

② 219 × 4 = 876
❶4×9=36 十のくらいに3くり上げる
❷くり上げた数を書く
❸4×1=4 くり上げた3をたして 4+3
❹4×2

③ 174 × 4 = 696
❶4×4=16 十のくらいに1くり上げる
❷くり上げた数を書く
❸4×7=28 くり上げた1をたして 28+1=29 百のくらいに2くり上げる
❹4×1=4 くり上げた2をたして 4+2

④ 268 × 3 = 804
❶3×8=24 十のくらいに2くり上げる
❷くり上げた数を書く
❸3×6=18 くり上げた2をたして 18+2=20 百のくらいに2くり上げる
❹3×2=6 くり上げた2をたして 6+2

⑤ 792 × 4 = 3168
❶4×2
❷4×9=36 百のくらいに3くり上げる
❸くり上げた数を書く
❹4×7=28 くり上げた3をたして 28+3=31 千のくらいに3くり上げる
❺くり上げた3を書く

⑥ 563 × 7 = 3941
❶7×3=21 十のくらいに2くり上げる
❷くり上げた数を書く
❸7×6=42 くり上げた2をたして 42+2=44 百のくらいに4くり上げる
❹7×5=35 くり上げた4をたして 35+4=39 千のくらいに3くり上げる
❺くり上げた3を書く

30

ポイント

(3けた)×(1けた)のかけ算です。(2けた)×(1けた)と同じように，一のくらいからじゅんにかけていきます。くり上がる数に注意しましょう。

30 1けたの数をかける かけ算④

▶▶▶本さつ31ページ

① 648	② 565	③ 868	④ 966
⑤ 728	⑥ 753	⑦ 1072	⑧ 2125
⑨ 4319	⑩ 1192	⑪ 6768	⑫ 5274

31 1けたの数をかける かけ算④

▶▶▶本さつ32ページ

① 888	② 885	③ 1068	④ 1626
⑤ 5327	⑥ 3408	⑦ 2214	⑧ 5792
⑨ 4302	⑩ 4333	⑪ 4815	⑫ 7336

32 1けたの数をかけるかけ算のまとめ あんごうゲーム

▶▶▶本さつ33ページ

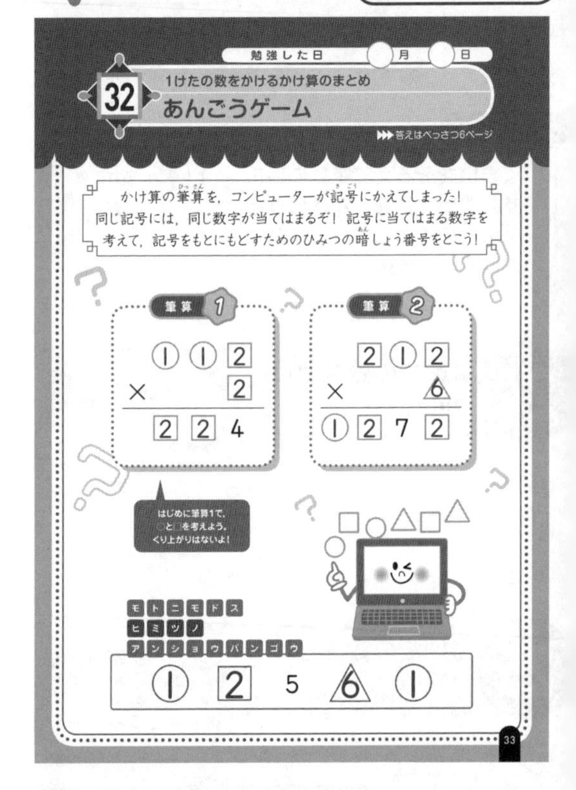
勉強した日　月　日

32 1けたの数をかけるかけ算のまとめ あんごうゲーム

▶▶▶答えはべっさつ6ページ

かけ算の筆算を，コンピューターが記号にかえてしまった！同じ記号には，同じ数字が当てはまるぞ！記号に当てはまる数字を考えて，記号をもとにもどすためのひみつの暗しょう番号をとこう！

筆算1
①①2 × 2 = 224

筆算2
2①2 × 6 = ①272

モトニモドス
ヒミツノ
アンショウバンゴウ

① 2 5 6 ①

33

33 あまりのないわり算①

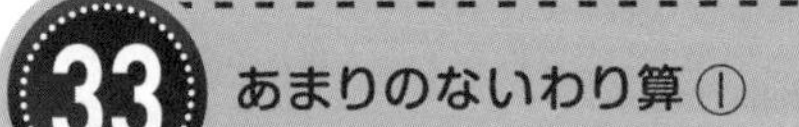

▶▶▶本さつ34ページ

① 2	② 3	③ 5	④ 6
⑤ 7	⑥ 5	⑦ 7	⑧ 7

ポイント

わる数のだんの九九で考えます。答えが，わられる数になる九九を見つけます。

10÷5
5 … わる数
10 … わられる数

34 あまりのないわり算①

▶▶▶本さつ35ページ

① 5	② 5	③ 4	④ 4
⑤ 8	⑥ 7	⑦ 6	⑧ 6
⑨ 7	⑩ 9	⑪ 9	⑫ 8
⑬ 6	⑭ 9	⑮ 7	⑯ 9

35 あまりのないわり算①

▶▶▶本さつ36ページ

① 8	② 7	③ 3	④ 8
⑤ 2	⑥ 3	⑦ 3	⑧ 2
⑨ 5	⑩ 3	⑪ 8	⑫ 6
⑬ 9	⑭ 7	⑮ 9	⑯ 8

36 あまりのないわり算①

▶▶▶本さつ37ページ

① 2	② 2	③ 5	④ 3
⑤ 3	⑥ 7	⑦ 4	⑧ 4
⑨ 6	⑩ 3	⑪ 6	⑫ 5
⑬ 8	⑭ 2	⑮ 4	⑯ 8

37 あまりのないわり算②

▶▶▶本さつ38ページ

① 2	② 1	③ 0	④ 3
⑤ 4	⑥ 0	⑦ 9	

ポイント

0は，いくつでわっても0です。1でわると，答えはわられる数と同じです。わられる数と同じ数でわると，答えは1です。

6÷3（3：わる数，6：わられる数）

38 あまりのないわり算②

▶▶▶本さつ39ページ

① 0	② 0	③ 0	④ 0
⑤ 0	⑥ 2	⑦ 5	⑧ 8
⑨ 9	⑩ 1	⑪ 1	⑫ 1
⑬ 1	⑭ 1	⑮ 1	⑯ 1

39 あまりのあるわり算

▶▶▶本さつ40ページ

① 2あまり2	② 3あまり1	③ 6あまり1
④ 6あまり2	⑤ 6あまり1	⑥ 6あまり4
⑦ 5あまり4	⑧ 6あまり2	

ポイント

わる数のだんの九九で考えます。わられる数より小さいなかで，答えが一番大きい九九を見つけます。わられる数から九九の答えをひくと，あまりがでます。

12÷5（5：わる数，12：わられる数）

ここがニガテ

あまりがわる数より小さくなっているか，かくにんするようにしましょう。
たしかめの式：(わる数) × (答え) + (あまり) = (わられる数) にあてはめてもよいでしょう。

40 あまりのあるわり算 練習

▶▶▶本さつ41ページ

① 7あまり1	② 6あまり2	③ 6あまり1
④ 3あまり4	⑤ 6あまり2	⑥ 8あまり1
⑦ 7あまり3	⑧ 7あまり1	⑨ 4あまり2
⑩ 3あまり7	⑪ 8あまり2	⑫ 7あまり3
⑬ 4あまり8	⑭ 6あまり6	⑮ 6あまり3
⑯ 7あまり4		

41 あまりのあるわり算 練習

▶▶▶本さつ42ページ

① 3あまり2	② 3あまり1	③ 8あまり2
④ 9あまり2	⑤ 5あまり5	⑥ 5あまり1
⑦ 8あまり3	⑧ 4あまり7	⑨ 4あまり4
⑩ 9あまり2	⑪ 7あまり5	⑫ 9あまり3
⑬ 8あまり2	⑭ 9あまり3	⑮ 7あまり5
⑯ 8あまり1		

42 答えが1けたのわり算のまとめ たからをさがそう！

▶▶▶本さつ43ページ

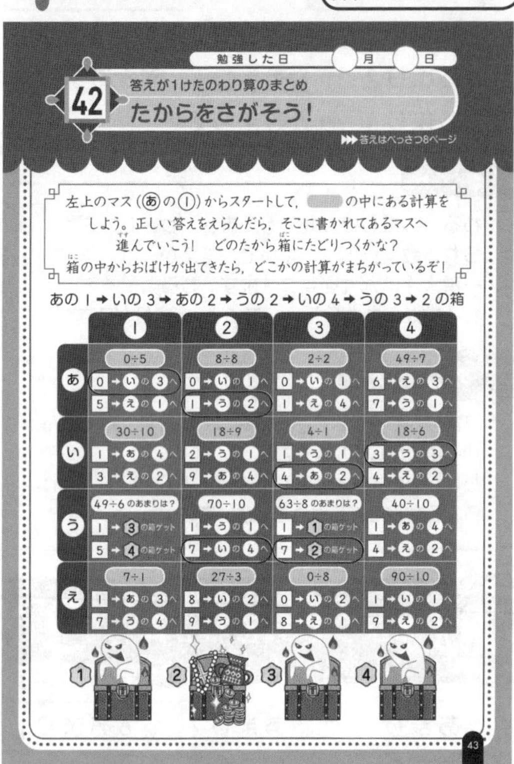
勉強した日　月　日

42 答えが1けたのわり算のまとめ
たからをさがそう！

▶▶▶答えはべっさつ8ページ

左上のマス（あの①）からスタートして，　の中にある計算をしよう。正しい答えをえらんだら，そこに書かれてあるマスへ進んでいこう！　どのたから箱にたどりつくかな？
箱の中からおばけが出てきたら，どこかの計算がまちがっているぞ！

あの 1 → いの 3 → あの 2 → うの 2 → いの 4 → うの 3 → 2 の箱

	①	②	③	④
あ	0÷5 0→いの3へ 5→えの1へ	8÷8 0→いの1へ 1→うの2へ	2÷2 0→いの1へ 1→えの4へ	49÷7 6→えの3へ 7→うの1へ
い	30÷10 1→あの4へ 3→えの2へ	18÷9 2→うの1へ 9→あの4へ	4÷1 1→うの1へ 4→あの2へ	18÷6 3→うの3へ 4→えの2へ
う	49÷6のあまりは？ 1→3の箱ゲット 5→4の箱ゲット	70÷10 1→うの1へ 7→いの4へ	63÷8のあまりは？ 1→1の箱ゲット 7→2の箱ゲット	40÷10 1→あの4へ 4→えの2へ
え	7÷1 1→あの3へ 7→うの4へ	27÷3 8→いの2へ 9→うの1へ	0÷8 0→いの2へ 8→えの1へ	90÷10 1→いの1へ 9→えの2へ

1　2　3　4

43

43 小数のたし算①

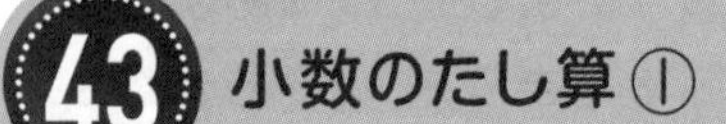

▶▶▶本さつ44ページ

① 0.3　② 0.5　③ 0.5　④ 1.3
⑤ 2.2　⑥ 3.5

ポイント

0.1 が，いくつ分といくつ分をたすか考えます。
整数の 1 は，0.1 が 10 こ分です。

44 小数のたし算①

▶▶▶本さつ45ページ

① 0.4　② 0.5　③ 0.6　④ 0.9
⑤ 0.6　⑥ 0.8　⑦ 0.7　⑧ 0.9
⑨ 0.9　⑩ 0.8　⑪ 1.4　⑫ 6.5
⑬ 4.1　⑭ 2.6　⑮ 7.7　⑯ 9.2
⑰ 3.9　⑱ 5.5

45 小数のたし算②

▶▶▶本さつ46ページ

① 1.5　② 2.8　③ 3.8　④ 3.8
⑤ 2.8　⑥ 2

ポイント

0.1 が，いくつ分といくつ分をたすか考えます。
整数の 1 は，0.1 が 10 こ分です。

46 小数のたし算②

▶▶▶本さつ47ページ

① 1.7　② 1.7　③ 1.9　④ 3.9
⑤ 3.4　⑥ 4.5　⑦ 5.9　⑧ 2.8
⑨ 4.8　⑩ 3.7　⑪ 2.7　⑫ 3.8
⑬ 3.8　⑭ 4.9　⑮ 5　⑯ 2
⑰ 6　⑱ 7

47 小数のひき算①

▶▶▶本さつ48ページ

① 0.2　② 0.3　③ 0.1　④ 0.8
⑤ 0.6　⑥ 0.2

ポイント

0.1 が，いくつ分からいくつ分をひくか考えます。整数の 1 は，0.1 が 10 こ分です。

48 小数のひき算①

▶▶▶本さつ49ページ

① 0.3　② 0.2　③ 0.3　④ 0.3
⑤ 0.7　⑥ 0.1　⑦ 0.1　⑧ 0.1
⑨ 0.1　⑩ 0.2　⑪ 0.6　⑫ 0.5
⑬ 0.5　⑭ 0.3　⑮ 0.9　⑯ 0.4
⑰ 0.1　⑱ 0.7

49 小数のひき算②

▶▶▶本さつ50ページ

① 1.3　② 1.3　③ 2.2　④ 0.6
⑤ 1.4　⑥ 2.5

ポイント

0.1 が，いくつ分からいくつ分をひくか考えます。くり下がりに注意しましょう。
整数の 1 は，0.1 が 10 こ分です。

50 小数のひき算②

▶▶▶本さつ51ページ

① 1.6　② 2.5　③ 4.6　④ 5.4
⑤ 3.2　⑥ 3.2　⑦ 4.2　⑧ 5.1
⑨ 6.1　⑩ 7.1　⑪ 1.2　⑫ 1.5
⑬ 4.3　⑭ 5.6　⑮ 2　⑯ 3
⑰ 4　⑱ 4

ポイント

0.1 が，いくつ分からいくつ分をひくか考えます。整数の 1 は，0.1 が 10 こ分です。

51 小数のひき算②

▶▶▶本さつ52ページ

① 1.9　② 2.6　③ 3.7　④ 4.8
⑤ 2.9　⑥ 1.9　⑦ 6.5　⑧ 4.9
⑨ 4.7　⑩ 3.8　⑪ 1.4　⑫ 2.8
⑬ 4.5　⑭ 3.9　⑮ 5.9　⑯ 2.3
⑰ 3.7　⑱ 1.7

52 小数のたし算・ひき算のまとめ
「1」をつくろう!

▶▶▶本さつ53ページ

① 0.7+0.3=1　② 1.5−0.5=1
③ 0.2+0.8=1　④ 3.9−2.9=1

53 小数のたし算の筆算①

▶▶▶本さつ54ページ

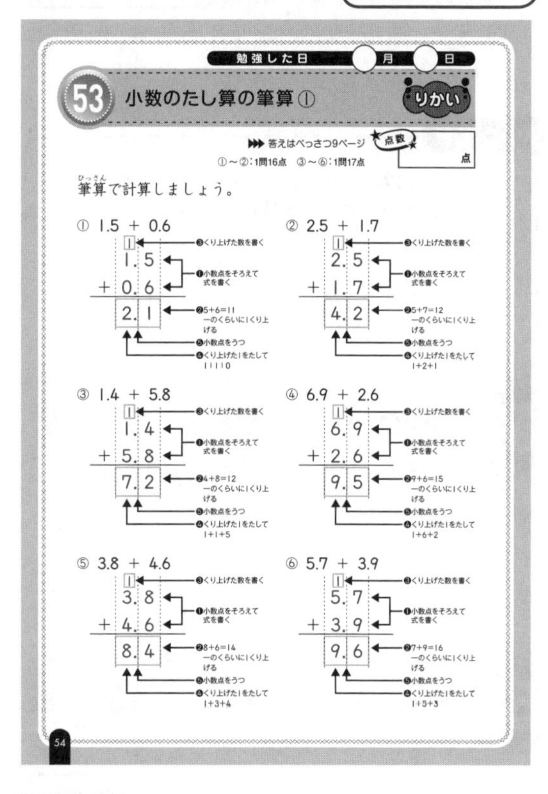

勉強した日　月　日

53 小数のたし算の筆算①　りかい

▶▶▶ 答えはべっさつ9ページ　点数　点
①～②：1問16点　③～⑥：1問17点

筆算で計算しましょう。

① 1.5 + 0.6
  1.5 + 0.6 = 2.1
  ❶小数点をそろえて式を書く
  ❷5+6=11 一のくらいに1くり上げる
  ❸くり上げた数を書く
  ❹くり上げた1をたして 1+1+0
  ❺小数点をうつ

② 2.5 + 1.7
  2.5 + 1.7 = 4.2
  ❶小数点をそろえて式を書く
  ❷5+7=12 一のくらいに1くり上げる
  ❸くり上げた数を書く
  ❹くり上げた1をたして 1+2+1
  ❺小数点をうつ

③ 1.4 + 5.8
  1.4 + 5.8 = 7.2
  ❶小数点をそろえて式を書く
  ❷4+8=12 一のくらいに1くり上げる
  ❸くり上げた数を書く
  ❹くり上げた1をたして 1+1+5
  ❺小数点をうつ

④ 6.9 + 2.6
  6.9 + 2.6 = 9.5
  ❶小数点をそろえて式を書く
  ❷9+6=15 一のくらいに1くり上げる
  ❸くり上げた数を書く
  ❹くり上げた1をたして 1+6+2
  ❺小数点をうつ

⑤ 3.8 + 4.6
  3.8 + 4.6 = 8.4
  ❶小数点をそろえて式を書く
  ❷8+6=14 一のくらいに1くり上げる
  ❸くり上げた数を書く
  ❹くり上げた1をたして 1+3+4
  ❺小数点をうつ

⑥ 5.7 + 3.9
  5.7 + 3.9 = 9.6
  ❶小数点をそろえて式を書く
  ❷7+9=16 一のくらいに1くり上げる
  ❸くり上げた数を書く
  ❹くり上げた1をたして 1+5+3
  ❺小数点をうつ

54

ポイント

小数点がそろうように筆算にします。いちばん小さいくらいからじゅんにたしていきます。くり上がりに注意しましょう。答えにも小数点をうつことをわすれないようにしましょう。

54 小数のたし算の筆算①

▶▶▶本さつ55ページ

① 1.1　② 2.1　③ 2.1　④ 3.2
⑤ 4.2　⑥ 5.2　⑦ 6.3　⑧ 6.3
⑨ 8.3　⑩ 9.4　⑪ 7.4　⑫ 8.4

55 小数のたし算の筆算①

▶▶▶本さつ56ページ

① 2.5　② 3.6　③ 5.6　④ 7.5
⑤ 9.5　⑥ 9.6　⑦ 6.5　⑧ 5.5
⑨ 6.6　⑩ 10.5　⑪ 12.7　⑫ 15.8

56 小数のたし算の筆算②

▶▶▶本さつ57ページ

① 3.3　② 7.6　③ 13.5　④ 7.9
⑤ 11.4　⑥ 15.6

ポイント

整数と小数のたし算は，整数を小数と考えて，小数点がそろうように筆算にします。
(例)
① 1.3+2=1.3+2.0 と考えます。1.3+2=1.5 とするまちがいが多いので，注意しましょう。

57 小数のたし算の筆算②

▶▶▶本さつ58ページ

① 9.1　② 9.9　③ 7.2　④ 3.9
⑤ 6.5　⑥ 8.1　⑦ 9.2　⑧ 15.8
⑨ 15.4　⑩ 15.3　⑪ 10.5　⑫ 16.2

58 小数のたし算の筆算②

▶▶▶本さつ59ページ

① 8.6　② 9.4　③ 9.2　④ 7.3
⑤ 8.9　⑥ 9.8　⑦ 8.7　⑧ 10.6
⑨ 18.1　⑩ 12.5　⑪ 10.8　⑫ 18.9

59 小数のひき算の筆算①

▶▶▶本さつ60ページ

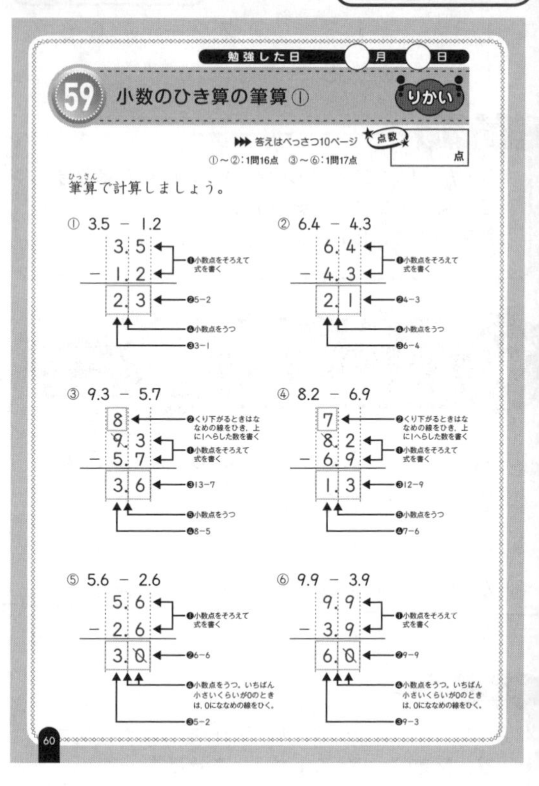

勉強した日　月　日

59 小数のひき算の筆算①　りかい

▶▶▶答えはべっさつ10ページ　点数
①～②：1問16点　③～⑥：1問17点　点

筆算で計算しましょう。

① 3.5 － 1.2
3.5
－ 1.2
2.3
❶小数点をそろえて式を書く　❷5−2　❸小数点をうつ　❹3−1

② 6.4 － 4.3
6.4
－ 4.3
2.1
❶小数点をそろえて式を書く　❷4−3　❸小数点をうつ　❹6−4

③ 9.3 － 5.7
8
9.3
－ 5.7
3.6
❷くり下がるときはななめの線をひき，上に1へらした数を書く　❶小数点をそろえて式を書く　❸13−7　❹小数点をうつ　❺8−5

④ 8.2 － 6.9
7
8.2
－ 6.9
1.3
❷くり下がるときはななめの線をひき，上に1へらした数を書く　❶小数点をそろえて式を書く　❸12−9　❹小数点をうつ　❺7−6

⑤ 5.6 － 2.6
5.6
－ 2.6
3.0
❶小数点をそろえて式を書く　❷6−6　❸小数点をうつ。いちばん小さいくらいが0のときは，0にななめの線をひく。　❹5−2

⑥ 9.9 － 3.9
9.9
－ 3.9
6.0
❶小数点をそろえて式を書く　❷9−9　❸小数点をうつ。いちばん小さいくらいが0のときは，0にななめの線をひく。　❹9−3

60

ポイント

小数点がそろうように筆算にします。いちばん小さいくらいからじゅんにひいていきます。くり下がりに注意しましょう。答えにも小数点をうつことをわすれないようにしましょう。

60 小数のひき算の筆算①

▶▶▶本さつ61ページ

① 2.2　② 2.2　③ 3.5　④ 2.9
⑤ 2.8　⑥ 2.5　⑦ 2.7　⑧ 3.5
⑨ 0.7　⑩ 3　⑪ 6　⑫ 5

61 小数のひき算の筆算 ② りかい

▶▶▶本さつ62ページ

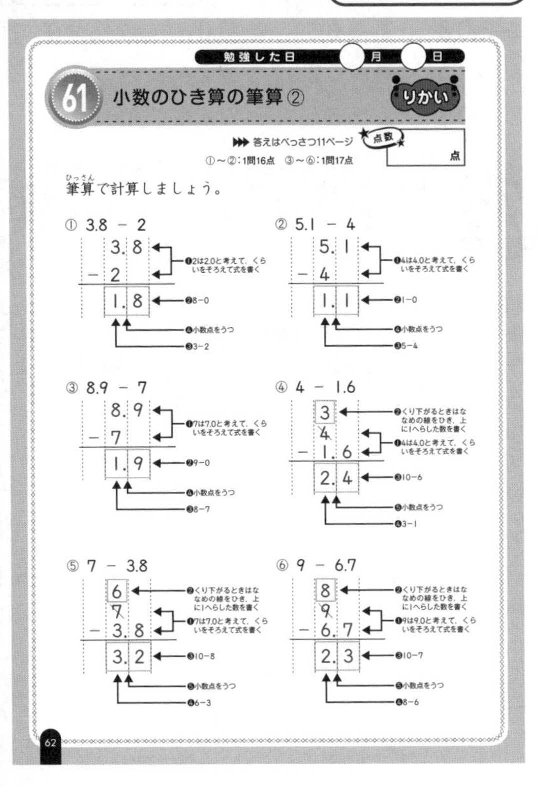

ポイント

整数と小数のひき算は，整数を小数と考えて，小数点がそろうように筆算にします。いちばん小さいくらいからじゅんにひいていきます。④～⑥の整数から小数をひく計算では，くり下がりに注意しましょう。答えにも小数点をうつことをわすれないようにしましょう。

62 小数のひき算の筆算 ② 練習

▶▶▶本さつ63ページ

① 1.2　② 1.9　③ 2.3　④ 1.6
⑤ 4.1　⑥ 3.8　⑦ 2.5　⑧ 2.7
⑨ 5.4　⑩ 3.6　⑪ 4.2　⑫ 6.6

63 小数のひき算の筆算 ② 練習

▶▶▶本さつ64ページ

① 3.9　② 1.8　③ 2.7　④ 6.5
⑤ 6.6　⑥ 3.4　⑦ 6.1　⑧ 3.4
⑨ 0.8　⑩ 0.4　⑪ 5.9　⑫ 2.1

ポイント

整数から小数をひく計算です。くり下がりに注意しましょう。

64 小数のたし算・ひき算の筆算のまとめ 魔方陣

▶▶▶本さつ65ページ

65 2けたの数をかける かけ算① りかい

本さつ66ページ

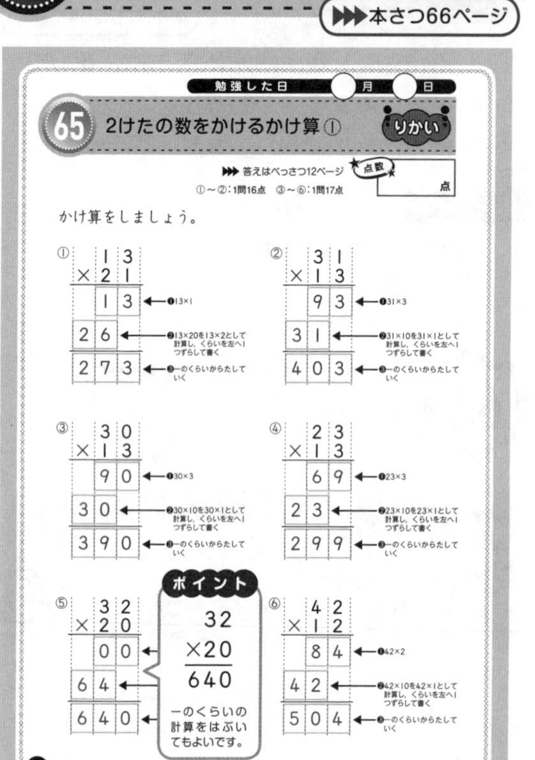

勉強した日　月　日

65 2けたの数をかけるかけ算① りかい

答えはべっさつ12ページ　点数　点

①～②：1問16点　③～⑥：1問17点

かけ算をしましょう。

① 13×21
13 ←❶13×1
26 ←❷13×20を13×2として計算し，くらいを左へ1つずらして書く
273 ←❸一のくらいからたしていく

② 31×13
93 ←❶31×3
31 ←❷31×10を31×1として計算し，くらいを左へ1つずらして書く
403 ←❸一のくらいからたしていく

③ 30×13
90 ←❶30×3
30 ←❷30×10を30×1として計算し，くらいを左へ1つずらして書く
390 ←❸一のくらいからたしていく

④ 23×13
69 ←❶23×3
23 ←❷23×10を23×1として計算し，くらいを左へ1つずらして書く
299 ←❸一のくらいからたしていく

⑤ 32×20
00
64
640

ポイント
32
×20
640
一のくらいの計算をはぶいてもよいです。

⑥ 42×12
84 ←❶42×2
42 ←❷42×10を42×1として計算し，くらいを左へ1つずらして書く
504 ←❸一のくらいからたしていく

66

ポイント

かける数の一のくらいからじゅんに，かけられる数にかけていきます。かける数の十のくらいをかけるときは，十のくらいからその答えを書きます。

13←かけられる数
×21←かける数

66 2けたの数をかける かけ算①

本さつ67ページ

① 132　② 143　③ 187　④ 252
⑤ 120　⑥ 273　⑦ 374　⑧ 682
⑨ 483　⑩ 288　⑪ 492　⑫ 594

67 2けたの数をかける かけ算①

本さつ68ページ

① 451　② 495　③ 286　④ 372
⑤ 252　⑥ 260　⑦ 903　⑧ 529
⑨ 504　⑩ 286　⑪ 946　⑫ 891

68 2けたの数をかける かけ算①

本さつ69ページ

① 308　② 408　③ 308　④ 690
⑤ 504　⑥ 902　⑦ 726　⑧ 713
⑨ 903　⑩ 504　⑪ 748　⑫ 714

69 2けたの数をかける かけ算② りかい

本さつ70ページ

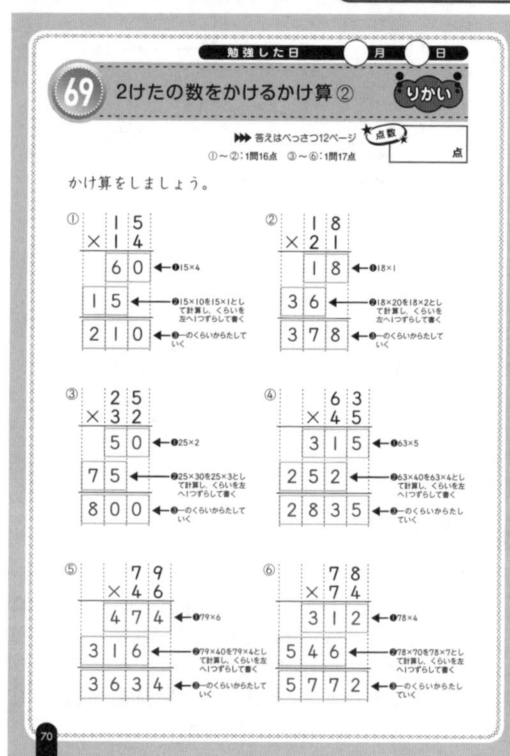

勉強した日　月　日

69 2けたの数をかけるかけ算② りかい

答えはべっさつ12ページ　点数　点

①～②：1問16点　③～⑥：1問17点

かけ算をしましょう。

① 15×14
60 ←❶15×4
15 ←❷15×10を15×1として計算し，くらいを左へ1つずらして書く
210 ←❸一のくらいからたしていく

② 18×21
18 ←❶18×1
36 ←❷18×20を18×2として計算し，くらいを左へ1つずらして書く
378 ←❸一のくらいからたしていく

③ 25×32
50 ←❶25×2
75 ←❷25×30を25×3として計算し，くらいを左へ1つずらして書く
800 ←❸一のくらいからたしていく

④ 63×45
315 ←❶63×5
252 ←❷63×40を63×4として計算し，くらいを左へ1つずらして書く
2835 ←❸一のくらいからたしていく

⑤ 79×46
474 ←❶79×6
316 ←❷79×40を79×4として計算し，くらいを左へ1つずらして書く
3634 ←❸一のくらいからたしていく

⑥ 78×74
312 ←❶78×4
546 ←❷78×70を78×7として計算し，くらいを左へ1つずらして書く
5772 ←❸一のくらいからたしていく

70

ポイント

かける数の一のくらいからじゅんに，かけられる数にかけていきます。くり上がりに注意して計算します。かける数の十のくらいをかけるときは，十のくらいからその答えを書きます。

15←かけられる数
×14←かける数

70 2けたの数をかける かけ算②

▶▶▶本さつ71ページ

① 208 ② 414 ③ 350 ④ 638
⑤ 896 ⑥ 962 ⑦ 357 ⑧ 609
⑨ 1846 ⑩ 1088 ⑪ 1188 ⑫ 1806

71 2けたの数をかける かけ算②

▶▶▶本さつ72ページ

① 456 ② 972 ③ 952 ④ 910
⑤ 1248 ⑥ 1058 ⑦ 1710 ⑧ 3484
⑨ 4187 ⑩ 3604 ⑪ 1620 ⑫ 7912

72 2けたの数をかける かけ算②

▶▶▶本さつ73ページ

① 1264 ② 1206 ③ 1652 ④ 1998
⑤ 2765 ⑥ 2432 ⑦ 6396 ⑧ 5865
⑨ 5928 ⑩ 5829 ⑪ 5610 ⑫ 6942

73 2けたの数をかける かけ算③

▶▶▶本さつ74ページ

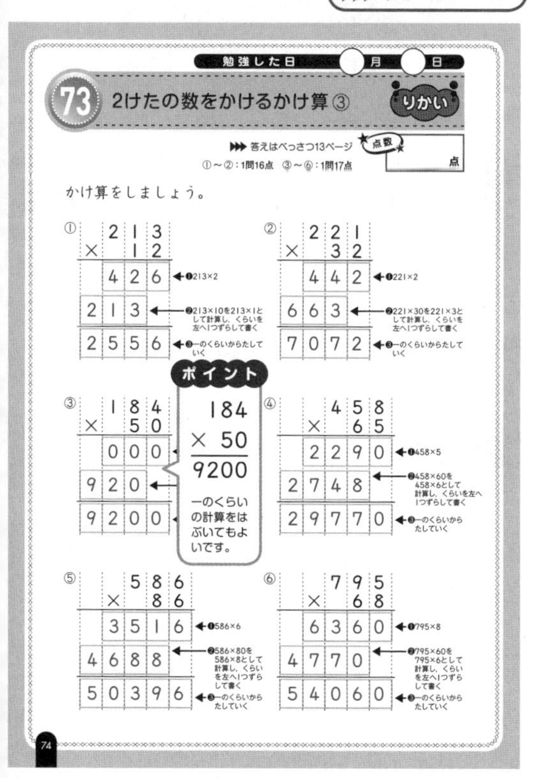
勉強した日 月 日

73 2けたの数をかけるかけ算③ りかい

▶▶▶ 答えはべっさつ13ページ 点数 点
①～②：1問16点 ③～⑥：1問17点

かけ算をしましょう。

① 213 × 12
426 ←❶213×2
213 ←❷213×10を213×1として計算し，くらいを左へ1つずらして書く
2556 ←❸一のくらいからたしていく

② 221 × 32
442 ←❶221×2
663 ←❷221×30を221×3として計算し，くらいを左へ1つずらして書く
7072 ←❸一のくらいからたしていく

③ 184 × 50
000
920
9200

ポイント
184
× 50
9200
一のくらいの計算をはぶいてもよいです。

④ 458 × 65
2290 ←❶458×5
2748 ←❷458×60を458×6として計算し，くらいを左へ1つずらして書く
29770 ←❸一のくらいからたしていく

⑤ 586 × 86
3516 ←❶586×6
4688 ←❷586×80を586×8として計算し，くらいを左へ1つずらして書く
50396 ←❸一のくらいからたしていく

⑥ 795 × 68
6360 ←❶795×8
4770 ←❷795×60を795×6として計算し，くらいを左へ1つずらして書く
54060 ←❸一のくらいからたしていく

74

ポイント

かけられる数が 2 けたのときと同じで，かける数の一のくらいからじゅんに，かけられる数にかけていきます。くり上がりに注意して計算します。かける数の十のくらいをかけるときは，十のくらいからその答えを書きます。

74 2けたの数をかける かけ算③

▶▶▶本さつ75ページ

① 1512 ② 4557 ③ 7850 ④ 5688
⑤ 12780 ⑥ 12704 ⑦ 39744 ⑧ 47304
⑨ 49572 ⑩ 75864 ⑪ 75360 ⑫ 85084

75 2けたの数をかける かけ算③

▶▶▶本さつ76ページ

① 1794 ② 5221 ③ 8450 ④ 6992
⑤ 11567 ⑥ 20072 ⑦ 34706 ⑧ 49856
⑨ 63495 ⑩ 70389 ⑪ 76273 ⑫ 90720

76 2けたの数をかける かけ算③

▶▶▶本さつ77ページ

① 3852 ② 7824 ③ 11313 ④ 8058
⑤ 14490 ⑥ 19694 ⑦ 46308 ⑧ 60900
⑨ 64050 ⑩ 71094 ⑪ 94272 ⑫ 95642

77 2けたの数をかける かけ算④

▶▶▶本さつ78ページ

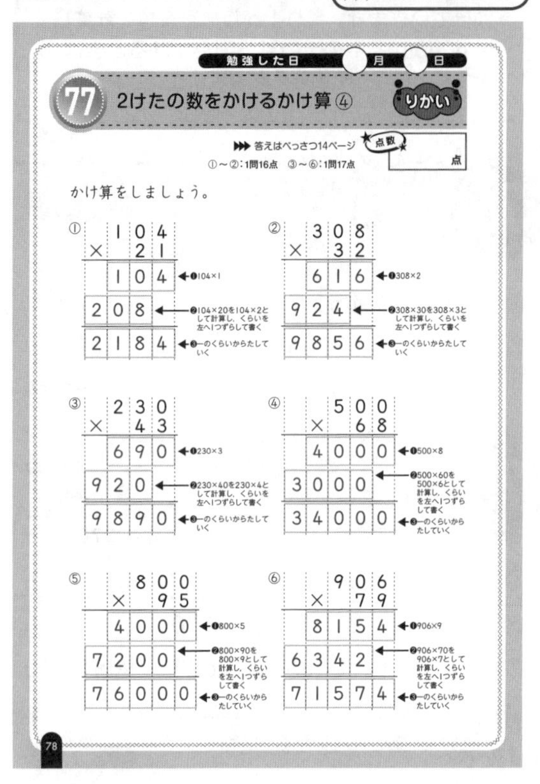
勉強した日　月　日

77 2けたの数をかけるかけ算④　りかい

▶▶▶ 答えはべっさつ14ページ　点数　点

①～②：1問16点　③～⑥：1問17点

かけ算をしましょう。

①
```
    104
  ×  21
    104  ←❶104×1
   208   ←❷104×20を104×2として計算し，くらいを左へ1つずらして書く
   2184  ←❸一のくらいからたしていく
```

②
```
    308
  ×  32
    616  ←❶308×2
   924   ←❷308×30を308×3として計算し，くらいを左へ1つずらして書く
   9856  ←❸一のくらいからたしていく
```

③
```
    230
  ×  43
    690  ←❶230×3
   920   ←❷230×40を230×4として計算し，くらいを左へ1つずらして書く
   9890  ←❸一のくらいからたしていく
```

④
```
     500
  ×   68
    4000  ←❶500×8
   3000   ←❷500×60を500×6として計算し，くらいを左へ1つずらして書く
   34000  ←❸一のくらいからたしていく
```

⑤
```
     800
  ×   95
    4000  ←❶800×5
   7200   ←❷800×90を800×9として計算し，くらいを左へ1つずらして書く
   76000  ←❸一のくらいからたしていく
```

⑥
```
     906
  ×   79
    8154  ←❶906×9
   6342   ←❷906×70を906×7として計算し，くらいを左へ1つずらして書く
   71574  ←❸一のくらいからたしていく
```

78

ポイント

かける数の一のくらいからじゅんに，かけられる数にかけていきます。くり上がりに注意して計算します。かける数の十のくらいをかけるときは，十のくらいからその答えを書きます。かけられる数の0にも注意しましょう。

78 2けたの数をかける かけ算④

▶▶▶本さつ79ページ

① 2520　② 14280　③ 47503　④ 12880

⑤ 14060　⑥ 11000　⑦ 33480　⑧ 50920

⑨ 68000　⑩ 13500　⑪ 40800　⑫ 74400

79 2けたの数をかける かけ算④

▶▶▶本さつ80ページ

① 7585　② 24432　③ 61332　④ 7820

⑤ 11890　⑥ 11840　⑦ 30240　⑧ 62160

⑨ 83700　⑩ 15600　⑪ 39900　⑫ 80100

80 2けたの数をかける かけ算④

▶▶▶本さつ81ページ

① 17024　② 37634　③ 78174　④ 8610

⑤ 11200　⑥ 12320　⑦ 39530　⑧ 71340

⑨ 78400　⑩ 23000　⑪ 68800　⑫ 88200

81 答えが2けたのわり算①　りかい

▶▶▶本さつ82ページ

① 10　② 20　③ 10　④ 30

⑤ 20　⑥ 10　⑦ 10　⑧ 10

⑨ 40　⑩ 10

ポイント

わられる数の一のくらいが0のときは，(わられる数の十のくらい)÷(わる数)を計算して，その答えに0をつけます。

20÷2
わる数
わられる数

82 答えが2けたのわり算①　練 習

▶▶▶本さつ83ページ

① 10　② 10　③ 10　④ 20

⑤ 10　⑥ 10　⑦ 20　⑧ 30

⑨ 10　⑩ 10　⑪ 20　⑫ 40

⑬ 10　⑭ 30

83 答えが2けたのわり算②　りかい

▶▶▶本さつ84ページ

① 12　② 13　③ 22　④ 12

⑤ 11　⑥ 21　⑦ 34　⑧ 11

⑨ 21　⑩ 11

ポイント

(わられる数の十のくらいの数)÷(わる数)が，答えの十のくらいになります。(わられる数の一のくらいの数)÷(わる数)が，答えの一のくらいになります。

24÷2
わる数
わられる数

84 答えが2けたのわり算② 練習

本さつ85ページ

① 11　② 13　③ 22　④ 14
⑤ 23　⑥ 11　⑦ 11　⑧ 32
⑨ 41　⑩ 11　⑪ 21　⑫ 44
⑬ 12　⑭ 21　⑮ 31　⑯ 23
⑰ 11　⑱ 11

85 答えが2けたのわり算② 練習

本さつ86ページ

① 13　② 33　③ 11　④ 22
⑤ 31　⑥ 12　⑦ 11　⑧ 33
⑨ 43　⑩ 24　⑪ 11　⑫ 22
⑬ 22　⑭ 11　⑮ 34　⑯ 32
⑰ 12　⑱ 42

86 かけ算・わり算のまとめ クロスワードパズル

本さつ87ページ

87 分数のたし算 りかい

本さつ88ページ

① $\frac{2}{3}$　② $\frac{3}{4}$　③ $\frac{4}{5}$　④ $\frac{5}{6}$
⑤ $\frac{5}{8}$　⑥ $\frac{2}{2}$，1　⑦ $\frac{3}{3}$，1　⑧ $\frac{4}{4}$，1

ポイント

分母が同じ分数のたし算は，分母はそのままにして，分子どうしだけをたします。答えの分母と分子が等しくなったときは 1 になります。

88 分数のたし算 練習

本さつ89ページ

① $\frac{2}{4}\left(\frac{1}{2}\right)$　② $\frac{3}{5}$　③ $\frac{4}{6}\left(\frac{2}{3}\right)$　④ $\frac{3}{7}$
⑤ $\frac{7}{8}$　⑥ $\frac{7}{9}$　⑦ $\frac{4}{7}$　⑧ $\frac{8}{9}$
⑨ 1　⑩ 1　⑪ 1　⑫ 1
⑬ 1　⑭ 1　⑮ 1　⑯ 1

89 分数のたし算 練習

本さつ90ページ

① $\frac{3}{5}$　② $\frac{3}{6}\left(\frac{1}{2}\right)$　③ $\frac{4}{7}$　④ $\frac{6}{7}$
⑤ $\frac{6}{8}\left(\frac{3}{4}\right)$　⑥ $\frac{7}{9}$　⑦ $\frac{7}{9}$　⑧ $\frac{7}{8}$
⑨ 1　⑩ 1　⑪ 1　⑫ 1
⑬ 1　⑭ 1　⑮ 1　⑯ 1

90 分数のたし算 練習

本さつ91ページ

① $\frac{3}{4}$　② $\frac{4}{5}$　③ $\frac{5}{6}$　④ $\frac{4}{7}$
⑤ $\frac{6}{8}\left(\frac{3}{4}\right)$　⑥ $\frac{5}{6}$　⑦ $\frac{5}{9}$　⑧ $\frac{8}{9}$
⑨ 1　⑩ 1　⑪ 1　⑫ 1
⑬ 1　⑭ 1　⑮ 1　⑯ 1

91 分数のひき算① りかい

▶▶▶本さつ92ページ

① $\frac{1}{3}$　② $\frac{1}{4}$　③ $\frac{2}{5}$　④ $\frac{1}{6}$
⑤ $\frac{2}{5}$　⑥ $\frac{1}{6}$　⑦ $\frac{3}{8}$　⑧ $\frac{1}{8}$

ポイント

分母が同じ分数のひき算は，分母はそのままにして，分子だけをひきます。

92 分数のひき算① 練習

▶▶▶本さつ93ページ

① $\frac{1}{4}$　② $\frac{1}{5}$　③ $\frac{2}{6}\left(\frac{1}{3}\right)$　④ $\frac{3}{7}$
⑤ $\frac{3}{5}$　⑥ $\frac{1}{8}$　⑦ $\frac{4}{7}$　⑧ $\frac{2}{6}\left(\frac{1}{3}\right)$
⑨ $\frac{3}{9}\left(\frac{1}{3}\right)$　⑩ $\frac{1}{5}$　⑪ $\frac{2}{8}\left(\frac{1}{4}\right)$　⑫ $\frac{1}{7}$
⑬ $\frac{1}{6}$　⑭ $\frac{5}{9}$　⑮ $\frac{2}{9}$　⑯ $\frac{2}{8}\left(\frac{1}{4}\right)$

93 分数のひき算② りかい

▶▶▶本さつ94ページ

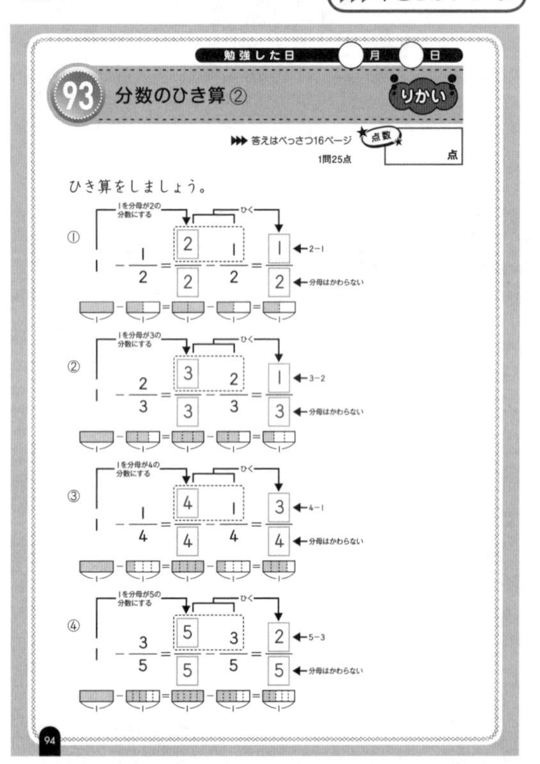

ポイント

分数のひき算でひかれる数が１のときは，１を分数になおしてから計算します。１は分母と分子が等しい分数で表すことができます。

$1-\frac{1}{2}$　ひく数　ひかれる数

94 分数のひき算② 練習

▶▶▶本さつ95ページ

① $\frac{2}{3}$　② $\frac{3}{4}$　③ $\frac{3}{5}$　④ $\frac{4}{6}\left(\frac{2}{3}\right)$
⑤ $\frac{1}{4}$　⑥ $\frac{4}{7}$　⑦ $\frac{4}{8}\left(\frac{1}{2}\right)$　⑧ $\frac{4}{5}$
⑨ $\frac{6}{7}$　⑩ $\frac{4}{9}$　⑪ $\frac{1}{5}$　⑫ $\frac{3}{6}\left(\frac{1}{2}\right)$
⑬ $\frac{1}{8}$　⑭ $\frac{2}{7}$　⑮ $\frac{2}{6}\left(\frac{1}{3}\right)$　⑯ $\frac{1}{9}$

95 分数のたし算・ひき算のまとめ 計算ぬり絵

▶▶▶本さつ96ページ

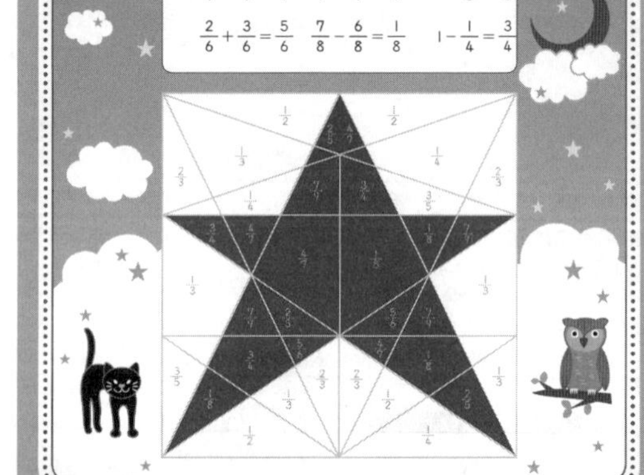

4けたのたし算

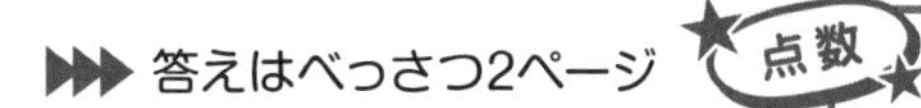

1問10点

点

たし算をしましょう。

①
$$\begin{array}{r} 2158 \\ +\ 1953 \\ \hline \end{array}$$

②
$$\begin{array}{r} 2349 \\ +\ 3759 \\ \hline \end{array}$$

③
$$\begin{array}{r} 4468 \\ +\ 3898 \\ \hline \end{array}$$

④
$$\begin{array}{r} 1188 \\ +\ 2922 \\ \hline \end{array}$$

⑤
$$\begin{array}{r} 5528 \\ +\ 1599 \\ \hline \end{array}$$

⑥
$$\begin{array}{r} 2656 \\ +\ 2779 \\ \hline \end{array}$$

⑦
$$\begin{array}{r} 1989 \\ +\ 1996 \\ \hline \end{array}$$

⑧
$$\begin{array}{r} 5224 \\ +\ 2996 \\ \hline \end{array}$$

⑨
$$\begin{array}{r} 3712 \\ +\ 4388 \\ \hline \end{array}$$

⑩
$$\begin{array}{r} 6342 \\ +\ 2698 \\ \hline \end{array}$$

3けたのひき算

▶▶▶ 答えはべっさつ2ページ

①～②：1問16点　③～⑥：1問17点

ひき算をしましょう。

①
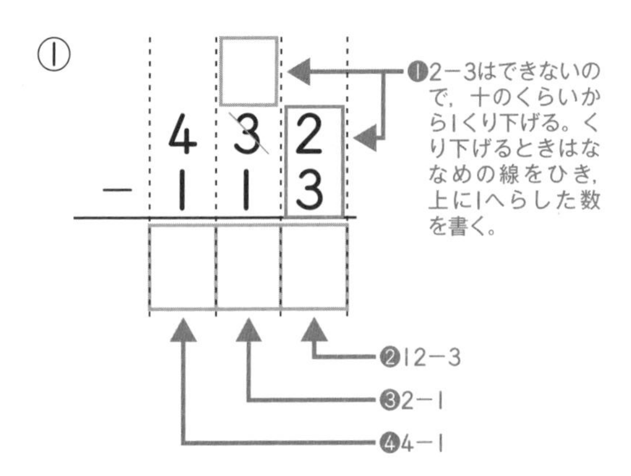

②
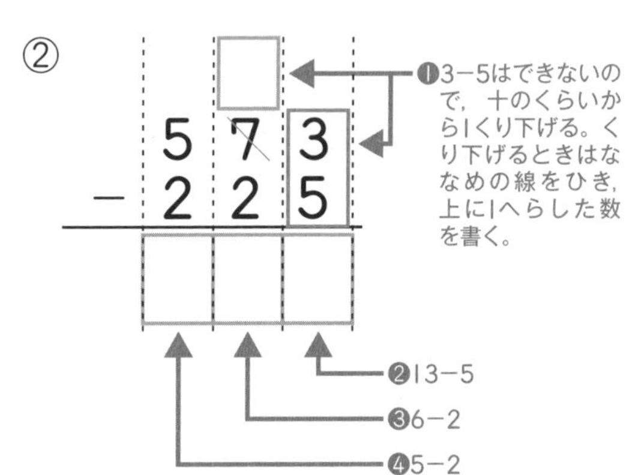

③
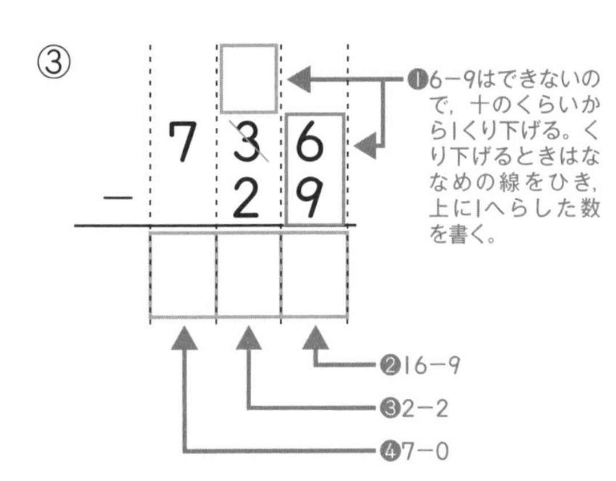

④
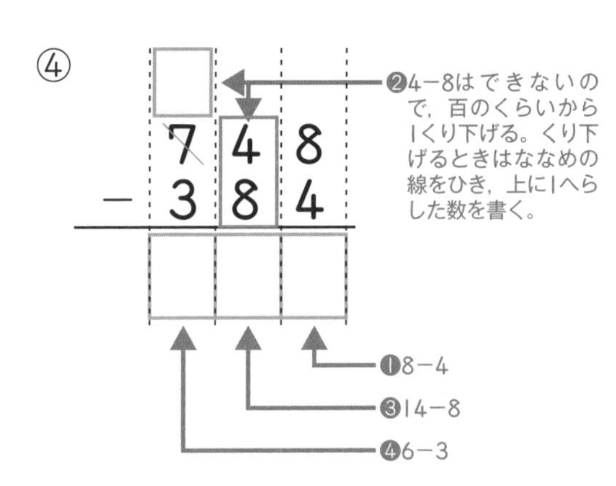

⑤
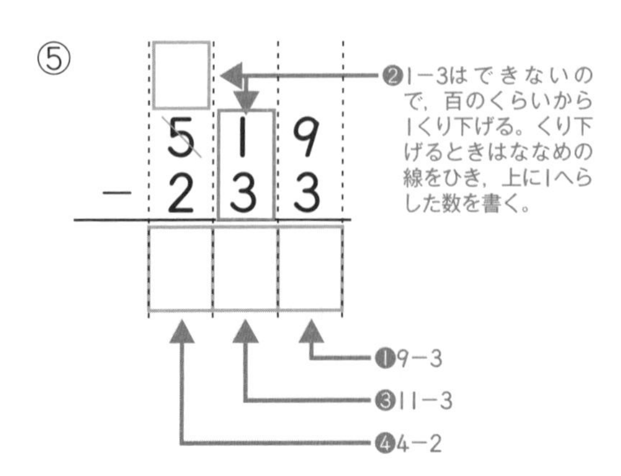

⑥
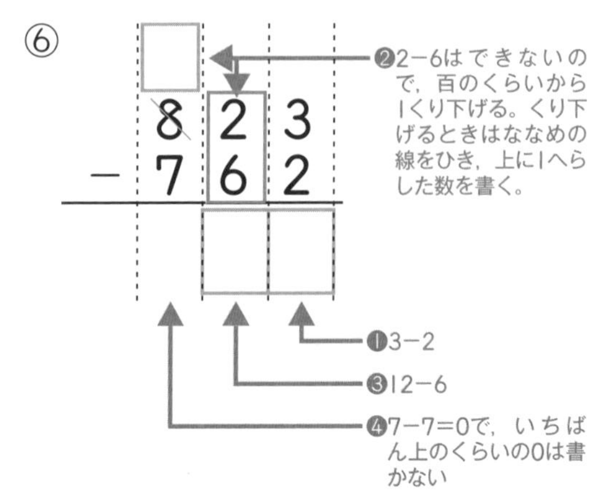

3けたのひき算

▶▶▶答えはべっさつ2ページ

1問10点

点

ひき算をしましょう。

① $\begin{array}{r} 245 \\ -\ 126 \\ \hline \end{array}$

② $\begin{array}{r} 563 \\ -\ 229 \\ \hline \end{array}$

③ $\begin{array}{r} 594 \\ -\ 277 \\ \hline \end{array}$

④ $\begin{array}{r} 946 \\ -\ 328 \\ \hline \end{array}$

⑤ $\begin{array}{r} 263 \\ -\ \ 54 \\ \hline \end{array}$

⑥ $\begin{array}{r} 718 \\ -\ \ 34 \\ \hline \end{array}$

⑦ $\begin{array}{r} 549 \\ -\ \ 87 \\ \hline \end{array}$

⑧ $\begin{array}{r} 825 \\ -\ 663 \\ \hline \end{array}$

⑨ $\begin{array}{r} 783 \\ -\ 291 \\ \hline \end{array}$

⑩ $\begin{array}{r} 279 \\ -\ 185 \\ \hline \end{array}$

9 4けたのひき算

答えはべっさつ2ページ

①～②：1問16点　③～⑥：1問17点

ひき算をしましょう。

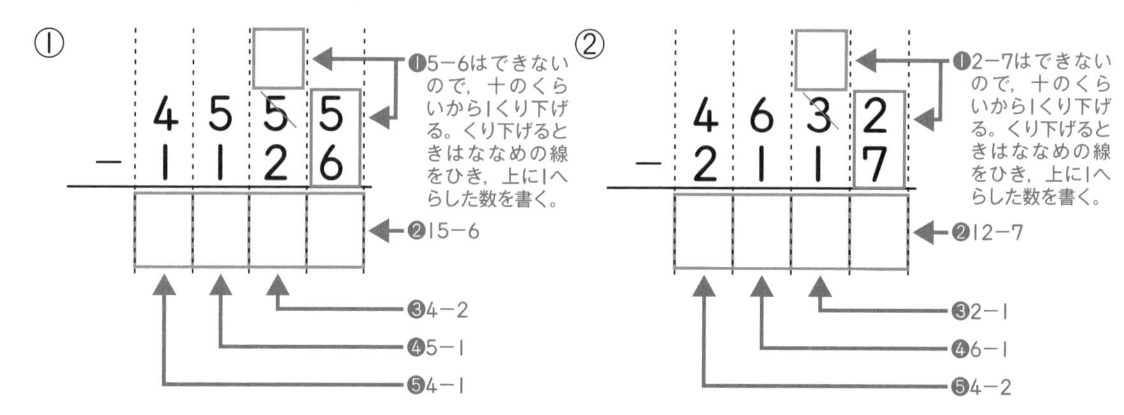

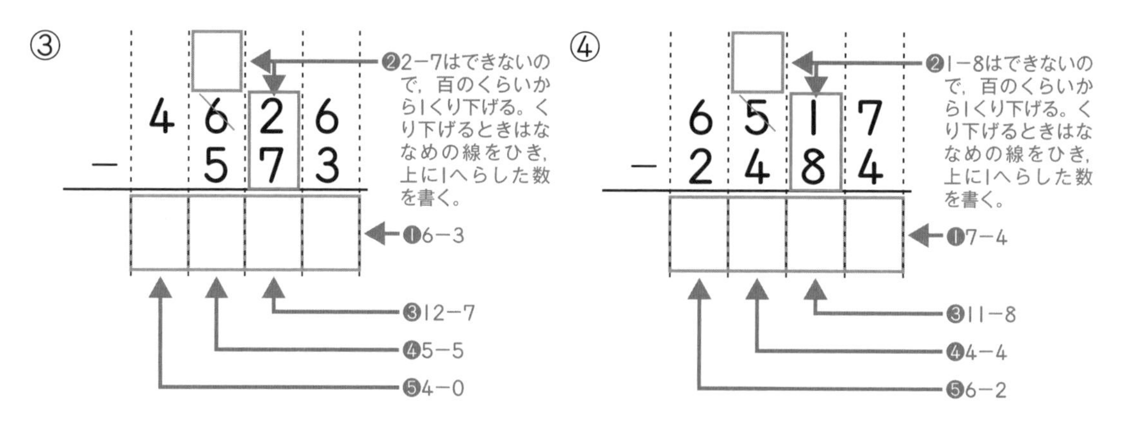

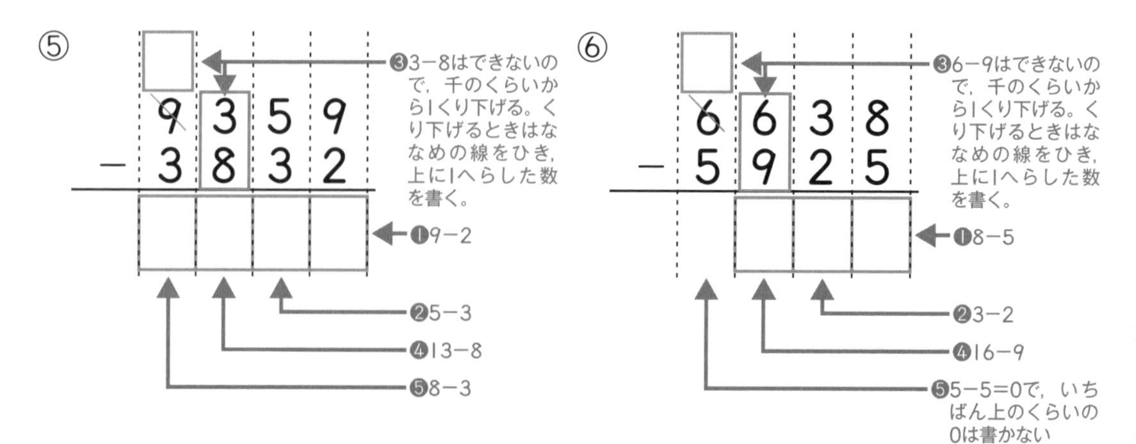

4けたのひき算

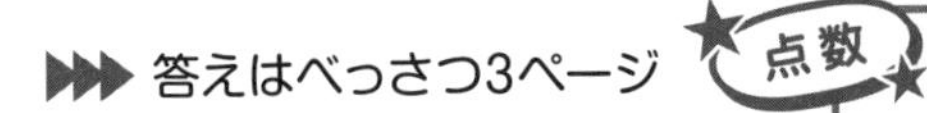

点

1問10点

ひき算をしましょう。

① $$\begin{array}{r} 2643 \\ -\ 1215 \\ \hline \end{array}$$

② $$\begin{array}{r} 2986 \\ -\ 1539 \\ \hline \end{array}$$

③ $$\begin{array}{r} 4254 \\ -\ 2138 \\ \hline \end{array}$$

④ $$\begin{array}{r} 3535 \\ -\ \ \ 217 \\ \hline \end{array}$$

⑤ $$\begin{array}{r} 6775 \\ -\ 2591 \\ \hline \end{array}$$

⑥ $$\begin{array}{r} 7844 \\ -\ 1692 \\ \hline \end{array}$$

⑦ $$\begin{array}{r} 6667 \\ -\ \ \ 382 \\ \hline \end{array}$$

⑧ $$\begin{array}{r} 5388 \\ -\ 2675 \\ \hline \end{array}$$

⑨ $$\begin{array}{r} 3458 \\ -\ 2817 \\ \hline \end{array}$$

⑩ $$\begin{array}{r} 3236 \\ -\ \ \ 421 \\ \hline \end{array}$$

勉強した日　　月　　日

11 くり下がりが2回以上あるひき算

▶▶▶ 答えはべっさつ3ページ

点数　　　点

①～②：1問16点　③～⑥：1問17点

ひき算をしましょう。

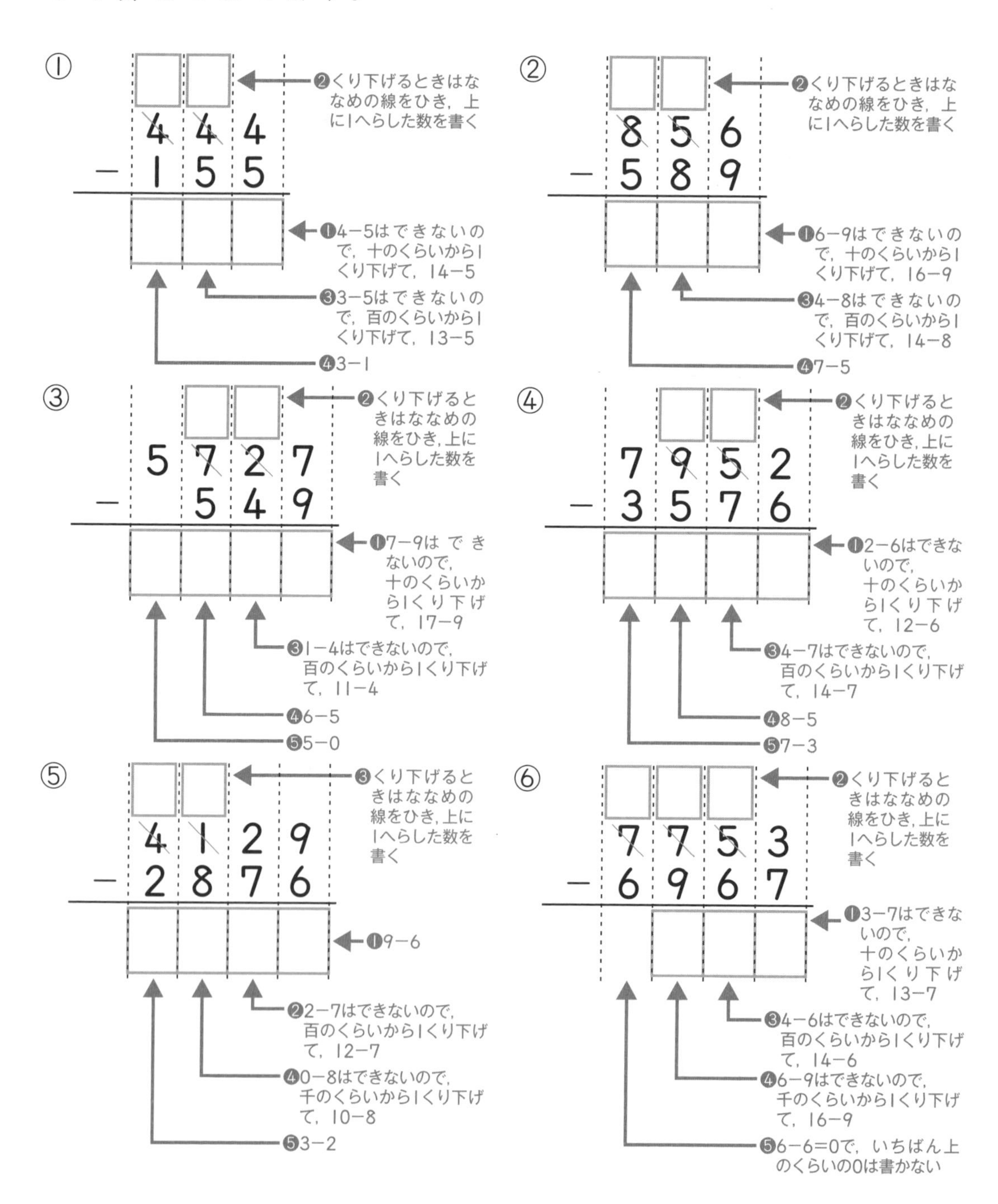

くり下がりが2回以上ある ひき算

▶▶▶答えはべっさつ3ページ

1問10点　　点

ひき算をしましょう。

① $\begin{array}{r} 225 \\ -\ 147 \\ \hline \end{array}$

② $\begin{array}{r} 252 \\ -\ 186 \\ \hline \end{array}$

③ $\begin{array}{r} 316 \\ -\ 258 \\ \hline \end{array}$

④ $\begin{array}{r} 441 \\ -\ 84 \\ \hline \end{array}$

⑤ $\begin{array}{r} 562 \\ -\ 97 \\ \hline \end{array}$

⑥ $\begin{array}{r} 551 \\ -\ 99 \\ \hline \end{array}$

⑦ $\begin{array}{r} 417 \\ -\ 369 \\ \hline \end{array}$

⑧ $\begin{array}{r} 834 \\ -\ 365 \\ \hline \end{array}$

⑨ $\begin{array}{r} 771 \\ -\ 385 \\ \hline \end{array}$

⑩ $\begin{array}{r} 921 \\ -\ 858 \\ \hline \end{array}$

勉強した日　月　日

くり下がりが2回以上あるひき算

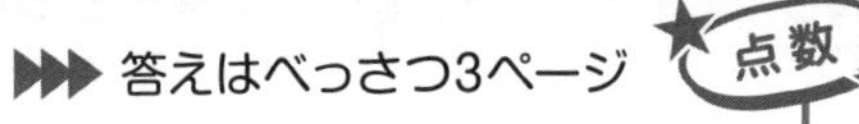

▶▶▶答えはべっさつ3ページ

1問10点

点

ひき算をしましょう。

① $\begin{array}{r} 2346 \\ -\ 1158 \\ \hline \end{array}$

② $\begin{array}{r} 2812 \\ -\ 1467 \\ \hline \end{array}$

③ $\begin{array}{r} 4627 \\ -\ 2348 \\ \hline \end{array}$

④ $\begin{array}{r} 5741 \\ -\ 1584 \\ \hline \end{array}$

⑤ $\begin{array}{r} 4532 \\ -\ 267 \\ \hline \end{array}$

⑥ $\begin{array}{r} 7619 \\ -\ 1745 \\ \hline \end{array}$

⑦ $\begin{array}{r} 6848 \\ -\ 3964 \\ \hline \end{array}$

⑧ $\begin{array}{r} 5756 \\ -\ 881 \\ \hline \end{array}$

⑨ $\begin{array}{r} 7383 \\ -\ 792 \\ \hline \end{array}$

⑩ $\begin{array}{r} 9325 \\ -\ 8873 \\ \hline \end{array}$

くり下がりが2回以上あるひき算

▶▶▶答えはべっさつ3ページ

1問10点　　点

ひき算をしましょう。

①
$$\begin{array}{r} 3423 \\ -\ 1258 \\ \hline \end{array}$$

②
$$\begin{array}{r} 2714 \\ -\ 1186 \\ \hline \end{array}$$

③
$$\begin{array}{r} 3826 \\ -\ 2678 \\ \hline \end{array}$$

④
$$\begin{array}{r} 7475 \\ -\ 3297 \\ \hline \end{array}$$

⑤
$$\begin{array}{r} 7912 \\ -\ 4997 \\ \hline \end{array}$$

⑥
$$\begin{array}{r} 6321 \\ -\ 2962 \\ \hline \end{array}$$

⑦
$$\begin{array}{r} 7218 \\ -\ 3879 \\ \hline \end{array}$$

⑧
$$\begin{array}{r} 6724 \\ -\ 4967 \\ \hline \end{array}$$

⑨
$$\begin{array}{r} 8562 \\ -\ 3693 \\ \hline \end{array}$$

⑩
$$\begin{array}{r} 6315 \\ -\ 5428 \\ \hline \end{array}$$

勉強した日　月　日

15 ひかれる数に0があるひき算

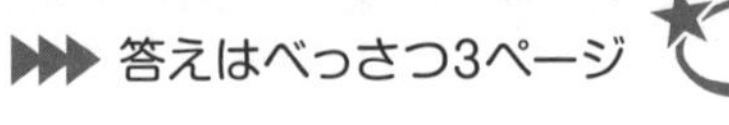

▶▶▶ 答えはべっさつ3ページ

点数　点

1問25点

ひき算をしましょう。

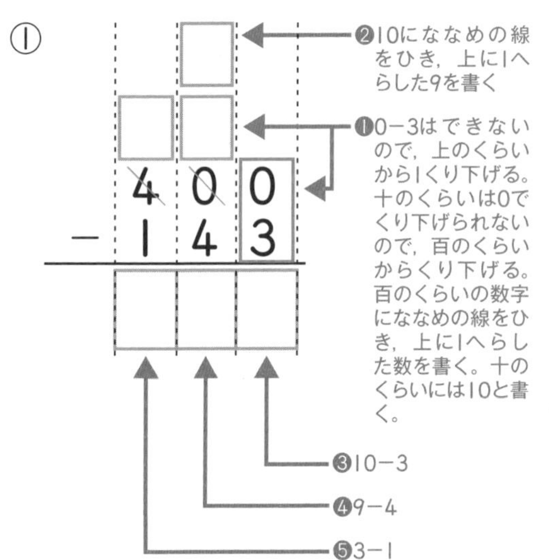

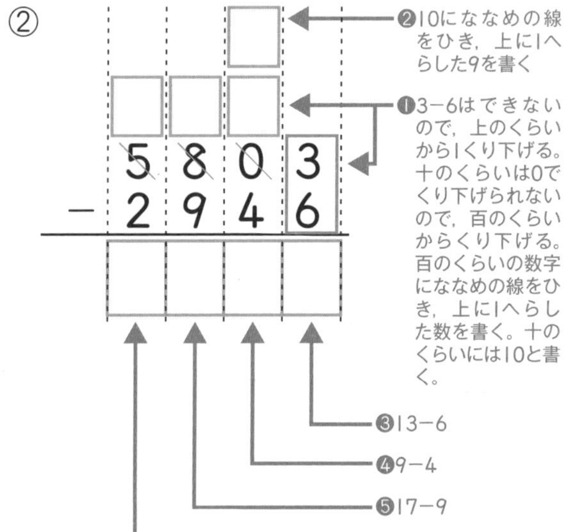

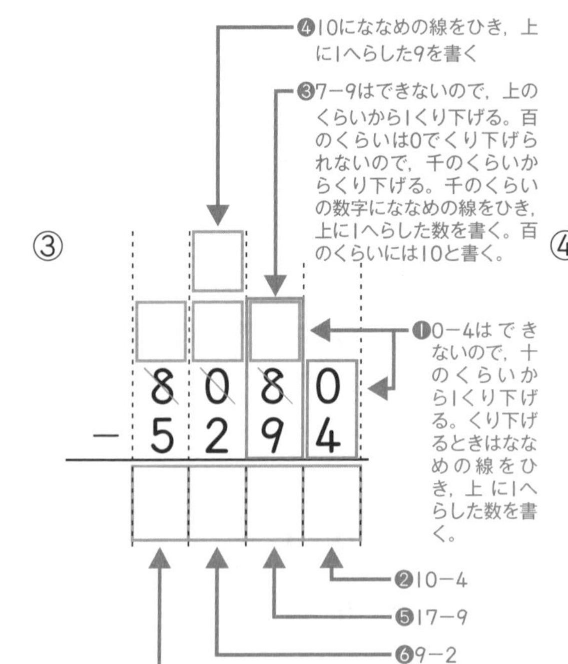

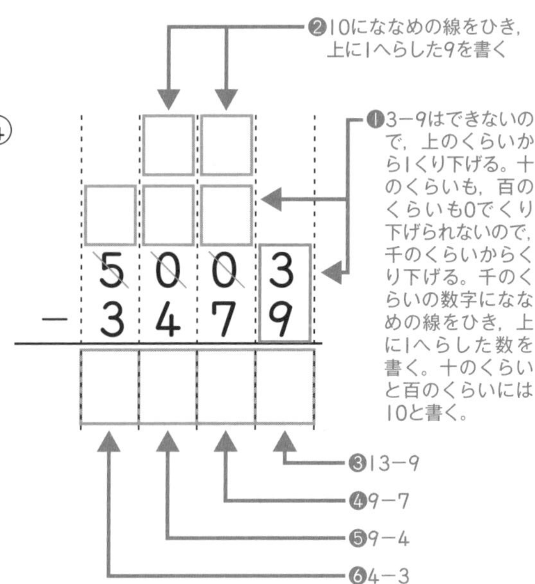

勉強した日　月　日

ひかれる数に0があるひき算

▶▶▶答えはべっさつ4ページ

1問10点　　点

ひき算をしましょう。

① $\begin{array}{r} 204 \\ -165 \\ \hline \end{array}$

② $\begin{array}{r} 502 \\ -398 \\ \hline \end{array}$

③ $\begin{array}{r} 704 \\ -189 \\ \hline \end{array}$

④ $\begin{array}{r} 603 \\ -374 \\ \hline \end{array}$

⑤ $\begin{array}{r} 907 \\ -459 \\ \hline \end{array}$

⑥ $\begin{array}{r} 400 \\ -265 \\ \hline \end{array}$

⑦ $\begin{array}{r} 700 \\ -388 \\ \hline \end{array}$

⑧ $\begin{array}{r} 300 \\ -187 \\ \hline \end{array}$

⑨ $\begin{array}{r} 800 \\ -222 \\ \hline \end{array}$

⑩ $\begin{array}{r} 700 \\ -498 \\ \hline \end{array}$

勉強した日　　月　　日

17 ひかれる数に0があるひき算

答えはべっさつ4ページ

1問10点　　点

ひき算をしましょう。

① $\begin{array}{r} 401 \\ -\ \ 25 \\ \hline \end{array}$

② $\begin{array}{r} 605 \\ -\ \ 68 \\ \hline \end{array}$

③ $\begin{array}{r} 503 \\ -\ \ 88 \\ \hline \end{array}$

④ $\begin{array}{r} 904 \\ -\ \ 77 \\ \hline \end{array}$

⑤ $\begin{array}{r} 406 \\ -258 \\ \hline \end{array}$

⑥ $\begin{array}{r} 702 \\ -425 \\ \hline \end{array}$

⑦ $\begin{array}{r} 304 \\ -145 \\ \hline \end{array}$

⑧ $\begin{array}{r} 400 \\ -254 \\ \hline \end{array}$

⑨ $\begin{array}{r} 500 \\ -333 \\ \hline \end{array}$

⑩ $\begin{array}{r} 900 \\ -386 \\ \hline \end{array}$

18 ひかれる数に0があるひき算 練習

▶▶▶答えはべっさつ4ページ

1問10点　　点

ひき算をしましょう。

①
```
  3605
- 1797
```

②
```
  4703
- 2749
```

③
```
  3205
- 1527
```

④
```
  6505
- 3698
```

⑤
```
  6044
- 3987
```

⑥
```
  3050
- 1275
```

⑦
```
  7080
- 4681
```

⑧
```
  7400
- 5587
```

⑨
```
  4001
- 1452
```

⑩
```
  5008
- 2919
```

勉強した日　月　日

19 ひかれる数に0があるひき算

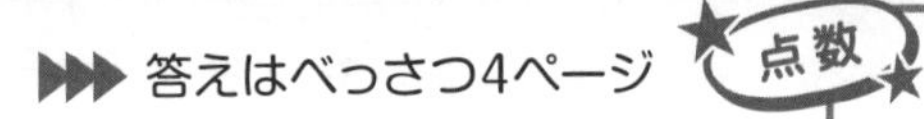

点

1問10点

ひき算をしましょう。

①
$$\begin{array}{r} 4401 \\ -\ \ 523 \\ \hline \end{array}$$

②
$$\begin{array}{r} 6703 \\ -\ \ 938 \\ \hline \end{array}$$

③
$$\begin{array}{r} 3606 \\ -\ \ 818 \\ \hline \end{array}$$

④
$$\begin{array}{r} 4907 \\ -\ \ 999 \\ \hline \end{array}$$

⑤
$$\begin{array}{r} 7070 \\ -\ 4177 \\ \hline \end{array}$$

⑥
$$\begin{array}{r} 5040 \\ -\ 2151 \\ \hline \end{array}$$

⑦
$$\begin{array}{r} 9000 \\ -\ 4233 \\ \hline \end{array}$$

⑧
$$\begin{array}{r} 6100 \\ -\ 4119 \\ \hline \end{array}$$

⑨
$$\begin{array}{r} 3008 \\ -\ 1259 \\ \hline \end{array}$$

⑩
$$\begin{array}{r} 7004 \\ -\ 3787 \\ \hline \end{array}$$

勉強した日　　月　　日

20

大きな数のたし算・ひき算のまとめ

虫食い算

答えはべっさつ4ページ

葉っぱの上に書いた，たし算とひき算の筆算が
虫に食べられてしまったぞ！
もとの式はどうなっていたか考えて，□に数を書こう！

たし算

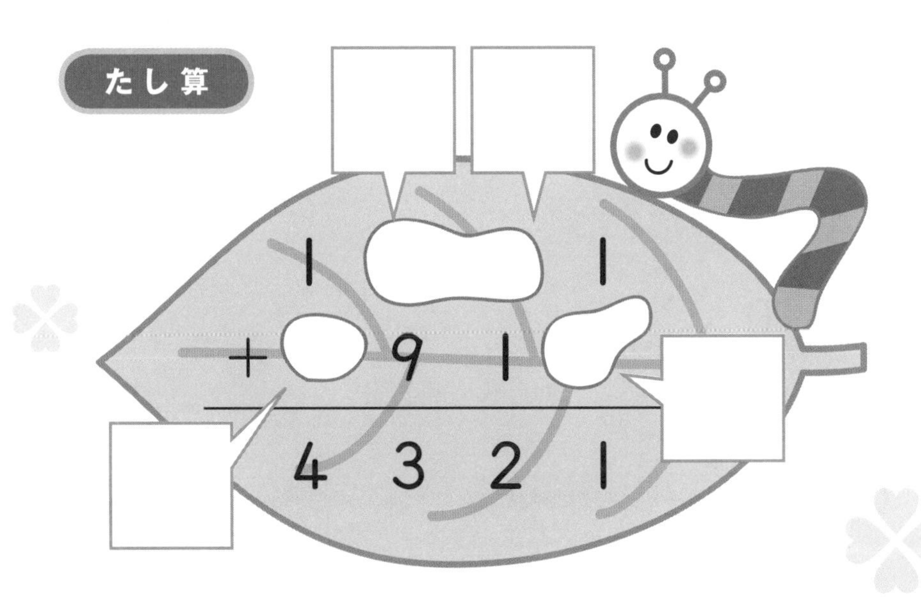

ひき算

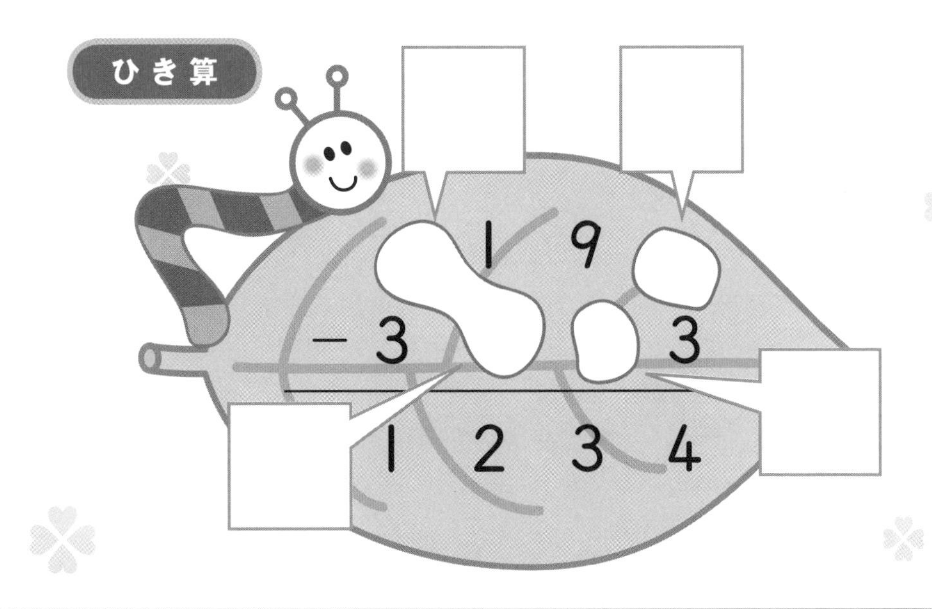

21 0のかけ算

▶▶▶ 答えはべっさつ4ページ

1問25点

点

かけ算をしましょう。

① 3 × 2 ＝ 6
（3へる）
3 × 1 ＝ 3
（3へる）
3 × 0 ＝ □ ← 0をかけると答えは0になる

② 5 × 2 ＝10
（5へる）
5 × 1 ＝ 5
（5へる）
5 × 0 ＝ □ ← 0をかけると答えは0になる

③ 0 × 1 ＝ □ ← 0にどんな数をかけても，答えは0になる

↓ 0が1つだから，0

④ 0 × 4 ＝ □ ← 0にどんな数をかけても，答えは0になる

↓ 0が4つだから，0+0+0+0=0

0のかけ算

▶▶▶ 答えはべっさつ4ページ

点数　　点

①～⑫：1問6点　⑬～⑯：1問7点

かけ算をしましょう。

① 4 × 0　　② 2 × 0

③ 7 × 0　　④ 9 × 0

⑤ 20 × 0　　⑥ 85 × 0

⑦ 33 × 0　　⑧ 0 × 1

⑨ 0 × 3　　⑩ 0 × 5

⑪ 0 × 10　　⑫ 0 × 50

⑬ 0 × 27　　⑭ 0 × 100

⑮ 1000 × 0　　⑯ 0 × 999

1けたの数をかけるかけ算①

▶▶▶ 答えはべっさつ5ページ

かけ算をしましょう。

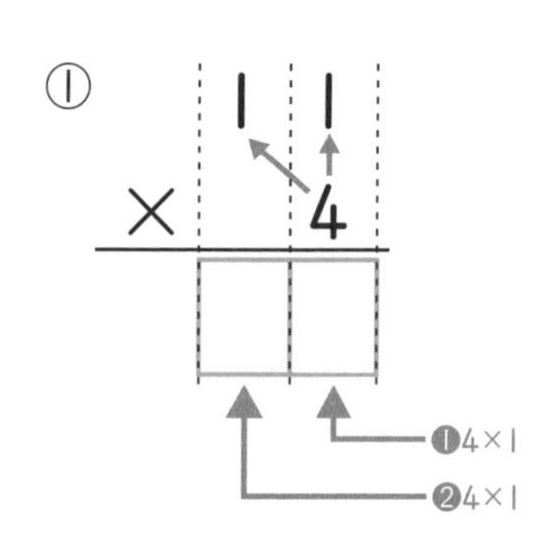

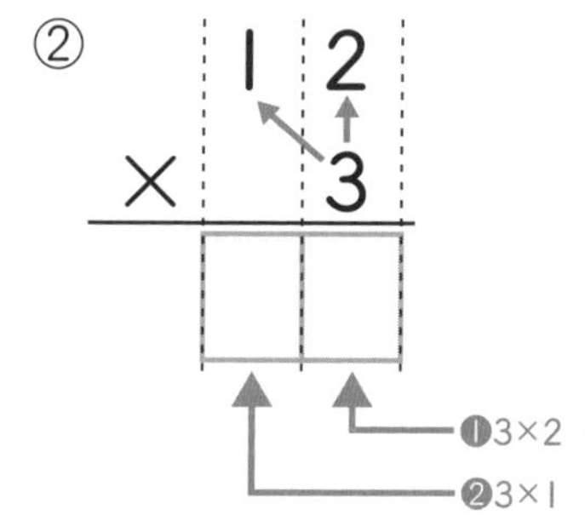

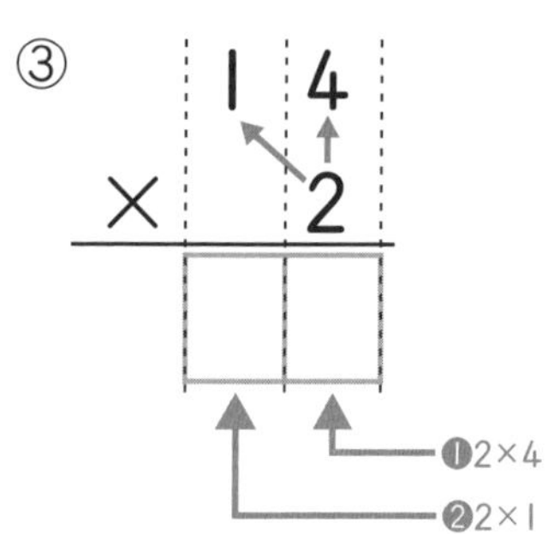

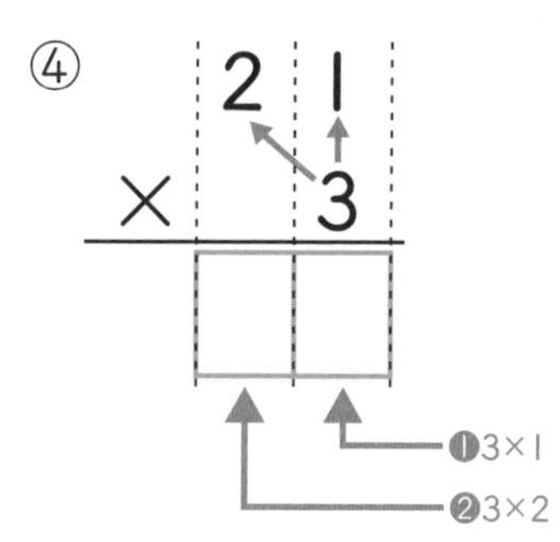

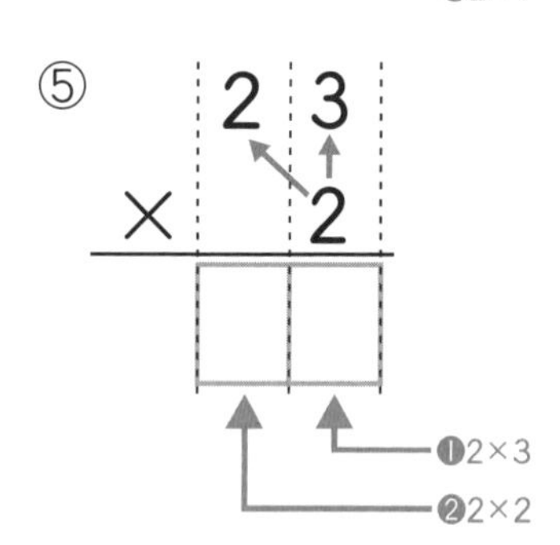

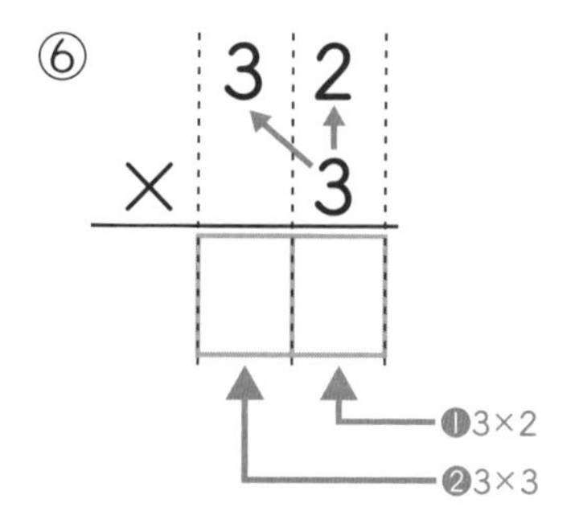

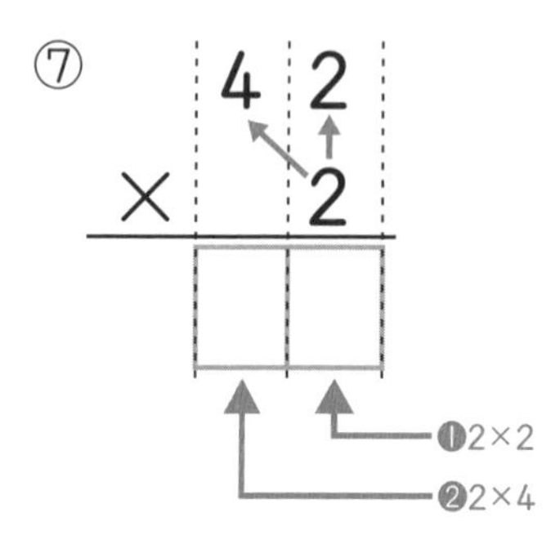

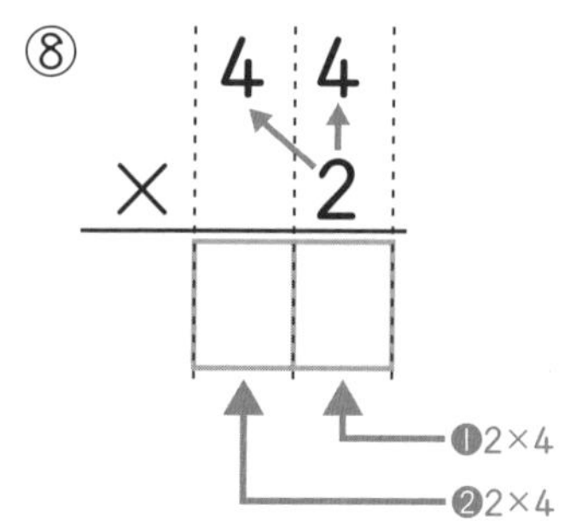

勉強した日　月　日

1けたの数をかけるかけ算①

▶▶▶答えはべっさつ5ページ

点

①～⑧：1問8点　⑨～⑫：1問9点

かけ算をしましょう。

① 12×2

② 11×3

③ 11×5

④ 13×2

⑤ 12×4

⑥ 21×2

⑦ 22×2

⑧ 31×2

⑨ 13×3

⑩ 32×2

⑪ 22×4

⑫ 21×4

1けたの数をかけるかけ算②

答えはべっさつ5ページ

①～②：1問16点　③～⑥：1問17点

かけ算をしましょう。

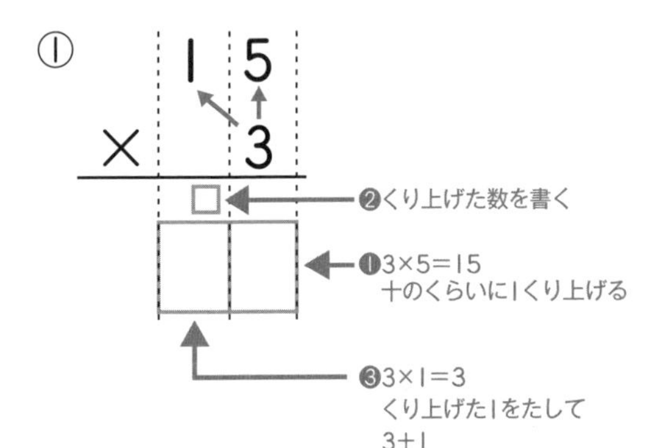

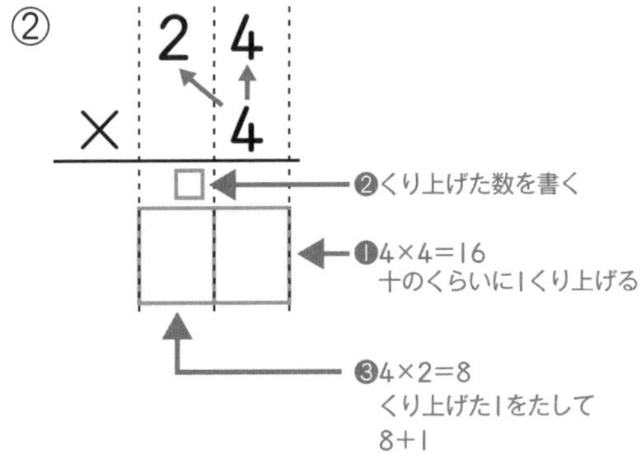

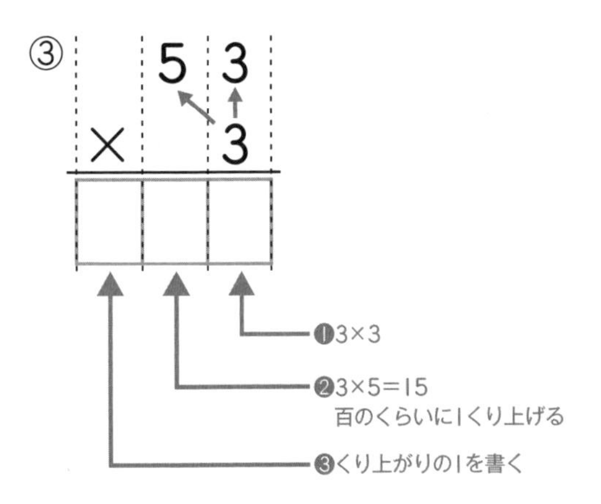

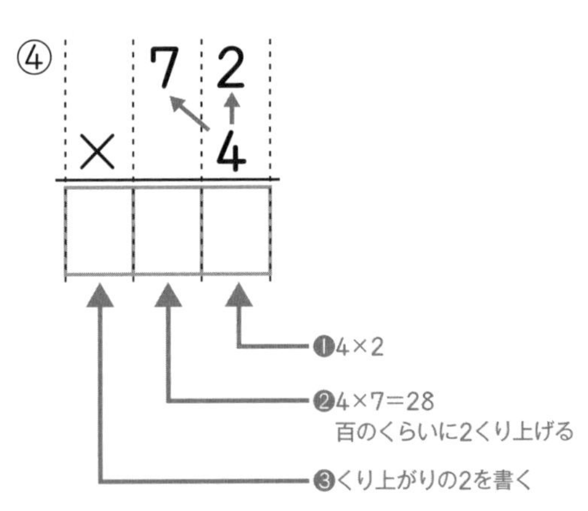

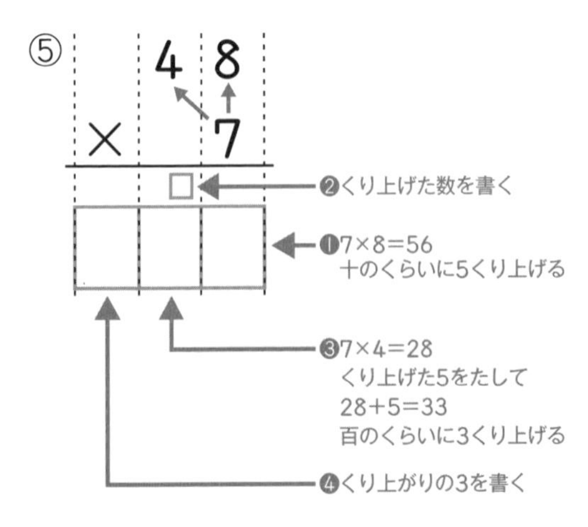

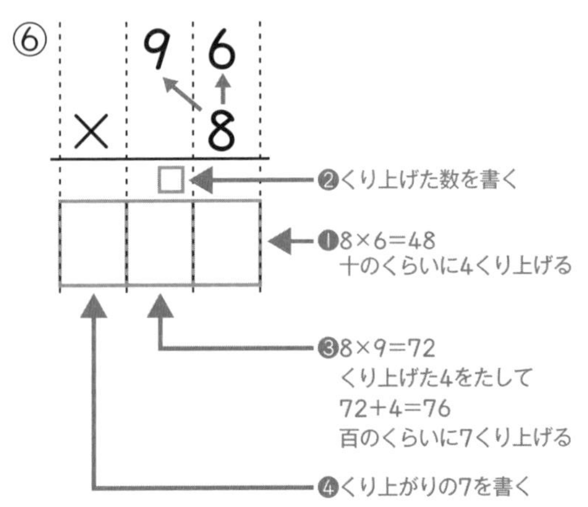

26 1けたの数をかけるかけ算②

▶▶▶ 答えはべっさつ5ページ

点数　　点

①～⑧：1問8点　⑨～⑫：1問9点

かけ算をしましょう。

① $\begin{array}{r} 13 \\ \times \quad 4 \\ \hline \end{array}$

② $\begin{array}{r} 18 \\ \times \quad 2 \\ \hline \end{array}$

③ $\begin{array}{r} 26 \\ \times \quad 3 \\ \hline \end{array}$

④ $\begin{array}{r} 37 \\ \times \quad 2 \\ \hline \end{array}$

⑤ $\begin{array}{r} 41 \\ \times \quad 4 \\ \hline \end{array}$

⑥ $\begin{array}{r} 59 \\ \times \quad 2 \\ \hline \end{array}$

⑦ $\begin{array}{r} 63 \\ \times \quad 3 \\ \hline \end{array}$

⑧ $\begin{array}{r} 91 \\ \times \quad 6 \\ \hline \end{array}$

⑨ $\begin{array}{r} 73 \\ \times \quad 5 \\ \hline \end{array}$

⑩ $\begin{array}{r} 84 \\ \times \quad 4 \\ \hline \end{array}$

⑪ $\begin{array}{r} 93 \\ \times \quad 7 \\ \hline \end{array}$

⑫ $\begin{array}{r} 68 \\ \times \quad 6 \\ \hline \end{array}$

1けたの数をかけるかけ算③

▶▶▶ 答えはべっさつ5ページ

①～④：1問12点　⑤～⑧：1問13点

かけ算をしましょう。

①
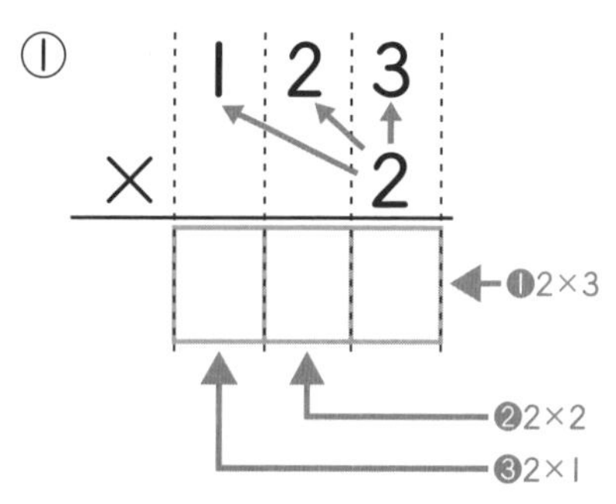

②
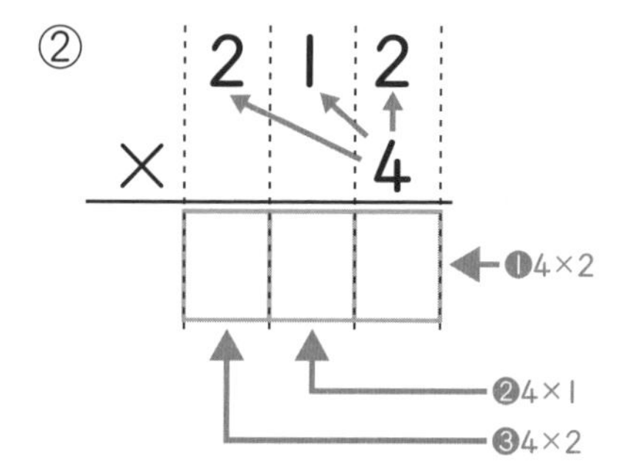

③
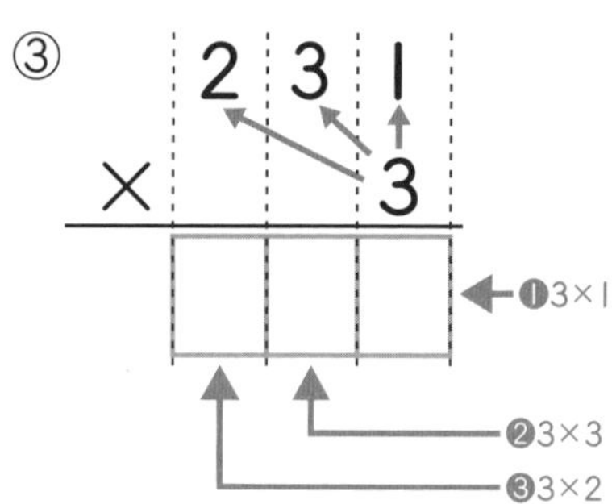

④
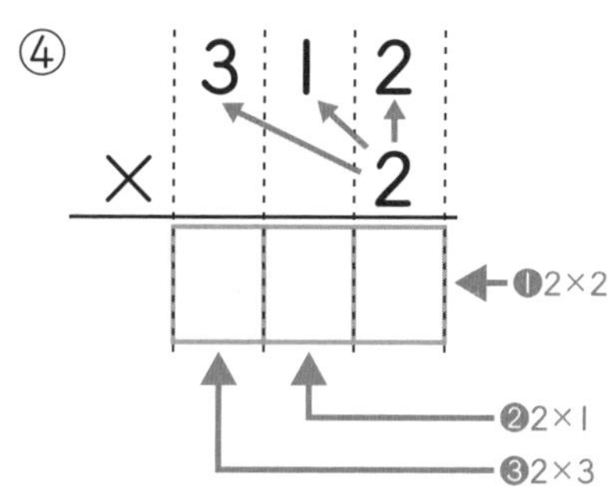

⑤
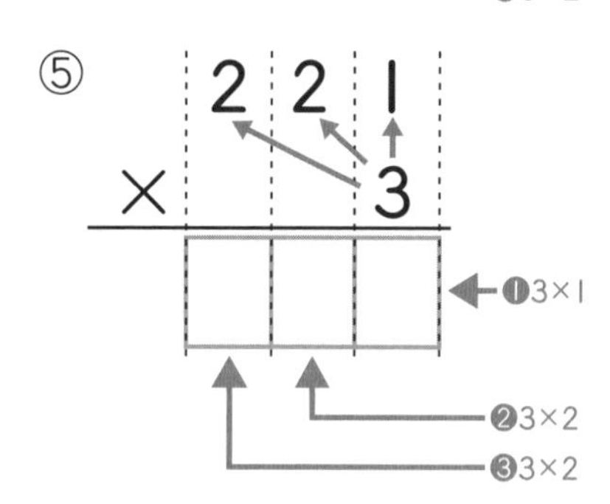

⑥
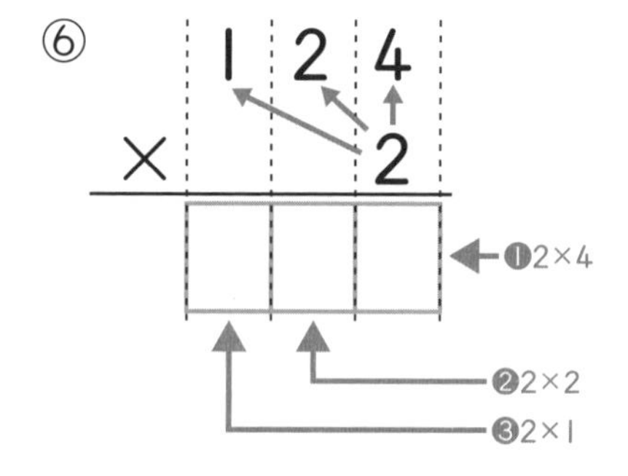

⑦
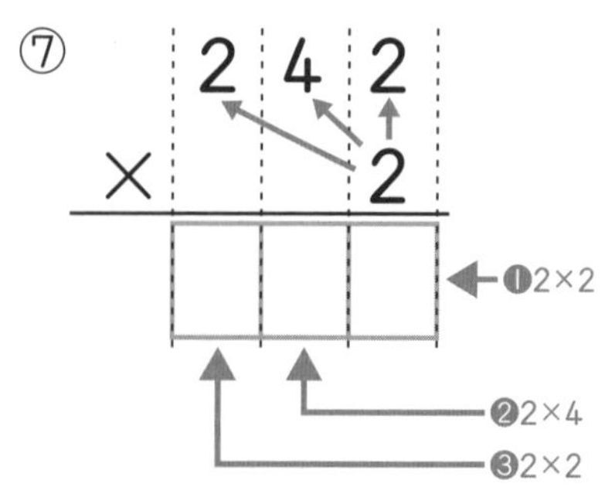

⑧
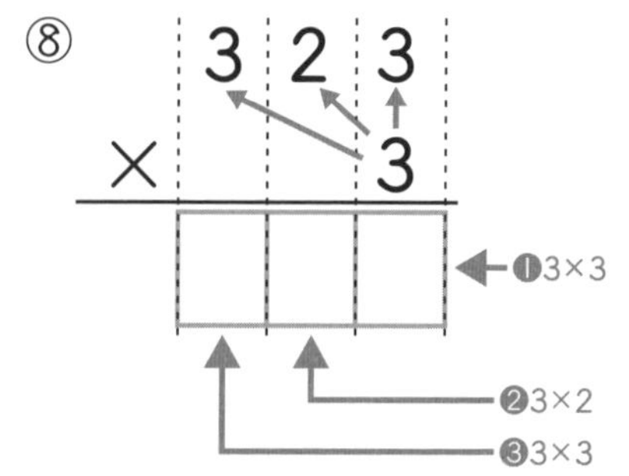

1けたの数をかけるかけ算③

答えはべっさつ5ページ

①～⑧：1問8点　⑨～⑫：1問9点

かけ算をしましょう。

① 111×2

② 121×2

③ 212×2

④ 111×3

⑤ 111×5

⑥ 212×3

⑦ 131×2

⑧ 331×2

⑨ 213×3

⑩ 222×2

⑪ 122×3

⑫ 221×4

29 1けたの数をかけるかけ算④

▶▶▶ 答えはべっさつ6ページ

①～②：1問16点　③～⑥：1問17点

かけ算をしましょう。

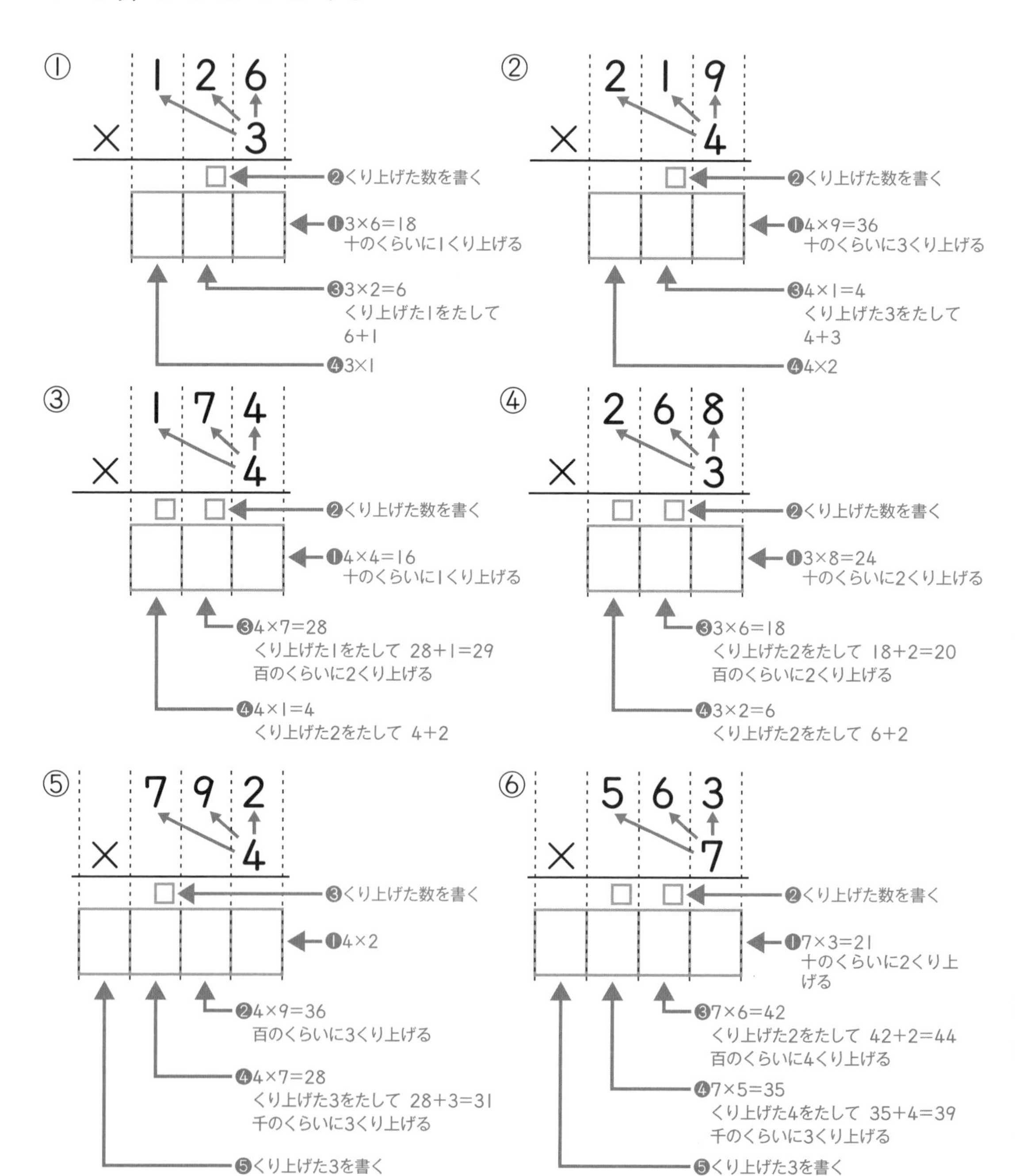

1けたの数をかけるかけ算④

▶▶▶答えはべっさつ6ページ

①～⑧：1問8点　⑨～⑫：1問9点

かけ算をしましょう。

① 216×3

② 113×5

③ 217×4

④ 161×6

⑤ 182×4

⑥ 251×3

⑦ 134×8

⑧ 425×5

⑨ 617×7

⑩ 298×4

⑪ 752×9

⑫ 879×6

勉強した日  月  日

1けたの数をかけるかけ算④

▶▶▶ 答えはべっさつ6ページ

①～⑧：1問8点　⑨～⑫：1問9点

点数　　点

かけ算をしましょう。

① $\begin{array}{r} 148 \\ \times \quad 6 \\ \hline \end{array}$

② $\begin{array}{r} 295 \\ \times \quad 3 \\ \hline \end{array}$

③ $\begin{array}{r} 267 \\ \times \quad 4 \\ \hline \end{array}$

④ $\begin{array}{r} 542 \\ \times \quad 3 \\ \hline \end{array}$

⑤ $\begin{array}{r} 761 \\ \times \quad 7 \\ \hline \end{array}$

⑥ $\begin{array}{r} 852 \\ \times \quad 4 \\ \hline \end{array}$

⑦ $\begin{array}{r} 369 \\ \times \quad 6 \\ \hline \end{array}$

⑧ $\begin{array}{r} 724 \\ \times \quad 8 \\ \hline \end{array}$

⑨ $\begin{array}{r} 478 \\ \times \quad 9 \\ \hline \end{array}$

⑩ $\begin{array}{r} 619 \\ \times \quad 7 \\ \hline \end{array}$

⑪ $\begin{array}{r} 535 \\ \times \quad 9 \\ \hline \end{array}$

⑫ $\begin{array}{r} 917 \\ \times \quad 8 \\ \hline \end{array}$

勉強した日 月 日

32

1けたの数をかけるかけ算のまとめ

あんごうゲーム

▶▶▶答えはべっさつ6ページ

かけ算の筆算を，コンピューターが記号にかえてしまった！
同じ記号には，同じ数字が当てはまるぞ！ 記号に当てはまる数字を考えて，記号をもとにもどすためのひみつの暗しょう番号をとこう！

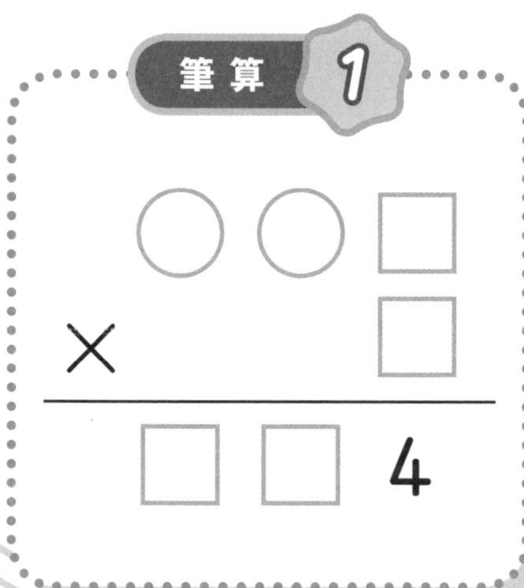

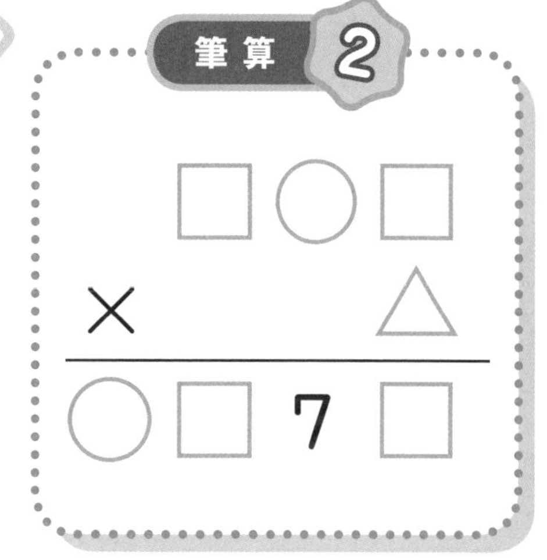

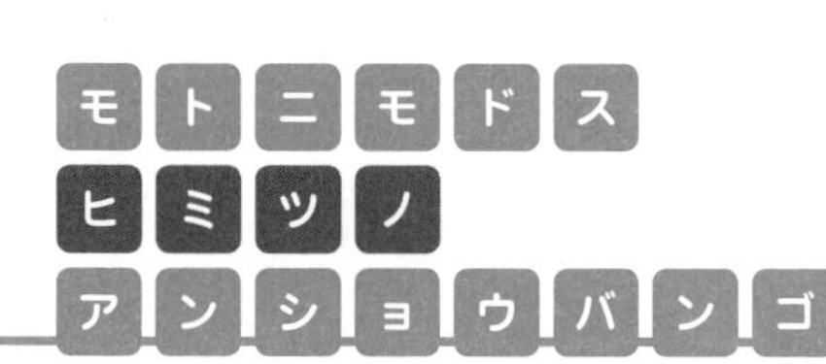

モトニモドス
ヒミツノ
アンショウバンゴウ

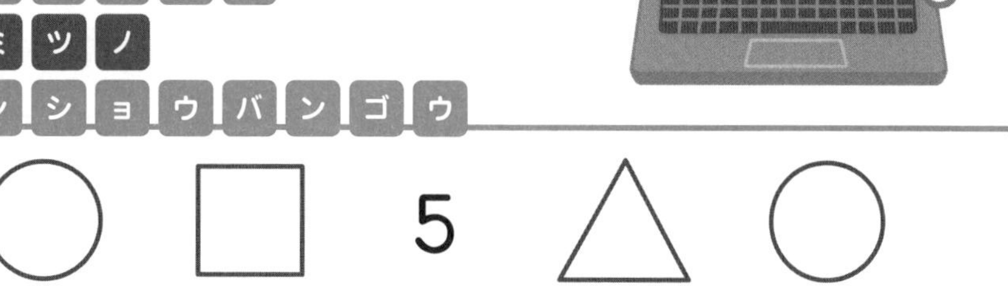

33 あまりのないわり算①

▶▶▶ 答えはべっさつ6ページ

①～④：1問12点　⑤～⑧：1問13点

点

わり算をしましょう。

① 10 ÷ 5 = □ ← □×5＝10の□をもとめる。□×5＝5×□だから，5のだんの九九を考える。

② 15 ÷ 5 = □ ← □×5＝15の□をもとめる。□×5＝5×□だから，5のだんの九九を考える。

③ 25 ÷ 5 = □ ← □×5＝25の□をもとめる。□×5＝5×□だから，5のだんの九九を考える。

④ 12 ÷ 2 = □ ← □×2＝12の□をもとめる。□×2＝2×□だから，2のだんの九九を考える。

⑤ 21 ÷ 3 = □ ← □×3＝21の□をもとめる。□×3＝3×□だから，3のだんの九九を考える。

⑥ 20 ÷ 4 = □ ← □×4＝20の□をもとめる。□×4＝4×□だから，4のだんの九九を考える。

⑦ 42 ÷ 6 = □ ← □×6＝42の□をもとめる。□×6＝6×□だから，6のだんの九九を考える。

⑧ 49 ÷ 7 = □ ← □×7＝49の□をもとめる。□×7＝7×□だから，7のだんの九九を考える。

あまりのないわり算 ①

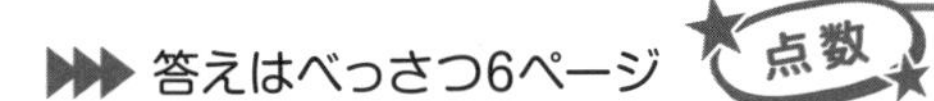
答えはべっさつ6ページ

①～⑫：1問6点　⑬～⑯：1問7点

点

わり算をしましょう。

① 10 ÷ 2

② 15 ÷ 3

③ 16 ÷ 4

④ 20 ÷ 5

⑤ 24 ÷ 3

⑥ 14 ÷ 2

⑦ 30 ÷ 5

⑧ 24 ÷ 4

⑨ 21 ÷ 3

⑩ 18 ÷ 2

⑪ 36 ÷ 4

⑫ 40 ÷ 5

⑬ 18 ÷ 3

⑭ 45 ÷ 5

⑮ 28 ÷ 4

⑯ 27 ÷ 3

あまりのないわり算①

▶▶▶ 答えはべっさつ7ページ

①～⑫：1問6点　⑬～⑯：1問7点

点

わり算をしましょう。

① 16 ÷ 2

② 21 ÷ 3

③ 15 ÷ 5

④ 32 ÷ 4

⑤ 12 ÷ 6

⑥ 21 ÷ 7

⑦ 12 ÷ 4

⑧ 18 ÷ 9

⑨ 25 ÷ 5

⑩ 24 ÷ 8

⑪ 64 ÷ 8

⑫ 36 ÷ 6

⑬ 72 ÷ 8

⑭ 49 ÷ 7

⑮ 54 ÷ 6

⑯ 72 ÷ 9

36 あまりのないわり算①

▶▶▶答えはべっさつ7ページ

①〜⑫：1問6点　⑬〜⑯：1問7点

点

わり算をしましょう。

① 16 ÷ 8　　② 18 ÷ 9

③ 30 ÷ 6　　④ 24 ÷ 8

⑤ 21 ÷ 7　　⑥ 56 ÷ 8

⑦ 32 ÷ 8　　⑧ 28 ÷ 7

⑨ 48 ÷ 8　　⑩ 27 ÷ 9

⑪ 54 ÷ 9　　⑫ 40 ÷ 8

⑬ 48 ÷ 6　　⑭ 14 ÷ 7

⑮ 36 ÷ 9　　⑯ 56 ÷ 7

37 あまりのないわり算②

▶▶▶ 答えはべっさつ7ページ

①～⑤：1問14点　⑥～⑦：1問15点

点数　　点

わり算をしましょう。

① 6 ÷ 3 = □ ←6を3つにわけたうちの1つぶん

② 3 ÷ 3 = □ ←わられる数と同じ数でわると，答えは1

③ 0 ÷ 3 = □ ←0は，いくつでわっても0

④ 3 ÷ 1 = □ ←1でわると，答えはわられる数と同じ

⑤ 8 ÷ 2 = □ ←8を2つにわけたうちの1つぶん

⑥ 0 ÷ 4 = □ ←0は，いくつでわっても0

⑦ 9 ÷ 1 = □ ←1でわると，答えはわられる数と同じ

あまりのないわり算②

▶▶▶ 答えはべっさつ7ページ

点

①～⑫：1問6点　⑬～⑯：1問7点

わり算をしましょう。

① 0 ÷ 2

② 0 ÷ 5

③ 0 ÷ 7

④ 0 ÷ 9

⑤ 0 ÷ 1

⑥ 2 ÷ 1

⑦ 5 ÷ 1

⑧ 8 ÷ 1

⑨ 9 ÷ 1

⑩ 4 ÷ 4

⑪ 5 ÷ 5

⑫ 8 ÷ 8

⑬ 1 ÷ 1

⑭ 10 ÷ 10

⑮ 50 ÷ 50

⑯ 100 ÷ 100

勉強した日　月　日

39 あまりのあるわり算

▶▶▶ 答えはべっさつ7ページ

①～④：1問12点　⑤～⑧：1問13点

点数　点

わり算をしましょう。

① 12 ÷ 5 = □ あまり □ ← 12−10

↑ 12より小さい，いちばん大きい5のだんは 5×2=10

② 16 ÷ 5 = □ あまり □ ← 16−15

↑ 16より小さい，いちばん大きい5のだんは 5×3=15

③ 13 ÷ 2 = □ あまり □ ← 13−12

↑ 13より小さい，いちばん大きい2のだんは 2×6=12

④ 20 ÷ 3 = □ あまり □ ← 20−18

↑ 20より小さい，いちばん大きい3のだんは 3×6=18

⑤ 25 ÷ 4 = □ あまり □ ← 25−24

↑ 25より小さい，いちばん大きい4のだんは 4×6=24

⑥ 40 ÷ 6 = □ あまり □ ← 40−36

↑ 40より小さい，いちばん大きい6のだんは 6×6=36

⑦ 39 ÷ 7 = □ あまり □ ← 39−35

↑ 39より小さい，いちばん大きい7のだんは 7×5=35

⑧ 50 ÷ 8 = □ あまり □ ← 50−48

↑ 50より小さい，いちばん大きい8のだんは 8×6=48

あまりのあるわり算

答えはべっさつ7ページ

点

①～⑫：1問6点　⑬～⑯：1問7点

わり算をしましょう。

① 15 ÷ 2

② 26 ÷ 4

③ 19 ÷ 3

④ 19 ÷ 5

⑤ 38 ÷ 6

⑥ 17 ÷ 2

⑦ 31 ÷ 4

⑧ 22 ÷ 3

⑨ 30 ÷ 7

⑩ 31 ÷ 8

⑪ 42 ÷ 5

⑫ 45 ÷ 6

⑬ 44 ÷ 9

⑭ 48 ÷ 7

⑮ 51 ÷ 8

⑯ 39 ÷ 5

あまりのあるわり算

▶▶▶答えはべっさつ7ページ

点

①～⑫：1問6点　⑬～⑯：1問7点

わり算をしましょう。

① 20 ÷ 6

② 25 ÷ 8

③ 34 ÷ 4

④ 29 ÷ 3

⑤ 40 ÷ 7

⑥ 31 ÷ 6

⑦ 43 ÷ 5

⑧ 39 ÷ 8

⑨ 40 ÷ 9

⑩ 38 ÷ 4

⑪ 47 ÷ 6

⑫ 48 ÷ 5

⑬ 58 ÷ 7

⑭ 57 ÷ 6

⑮ 68 ÷ 9

⑯ 65 ÷ 8

42 答えが1けたのわり算のまとめ
たからをさがそう！

▶▶▶答えはべっさつ8ページ

左上のマス（あの①）からスタートして，　　　の中にある計算をしよう。正しい答えをえらんだら，そこに書かれてあるマスへ進んでいこう！　どのたから箱にたどりつくかな？
箱の中からおばけが出てきたら，どこかの計算がまちがっているぞ！

	1	2	3	4
あ	0÷5 0 → いの3へ 5 → えの1へ	8÷8 0 → いの1へ 1 → うの2へ	2÷2 0 → いの1へ 1 → えの4へ	49÷7 6 → えの3へ 7 → うの1へ
い	30÷10 1 → あの4へ 3 → えの2へ	18÷9 2 → うの1へ 9 → あの4へ	4÷1 1 → うの1へ 4 → あの2へ	18÷6 3 → うの3へ 4 → えの2へ
う	49÷6 のあまりは？ 1 → 3の箱ゲット 5 → 4の箱ゲット	70÷10 1 → うの1へ 7 → いの4へ	63÷8 のあまりは？ 1 → 1の箱ゲット 7 → 2の箱ゲット	40÷10 1 → あの4へ 4 → えの2へ
え	7÷1 1 → あの3へ 7 → うの4へ	27÷3 8 → いの2へ 9 → うの1へ	0÷8 0 → いの2へ 8 → えの1へ	90÷10 1 → いの1へ 9 → えの2へ

①
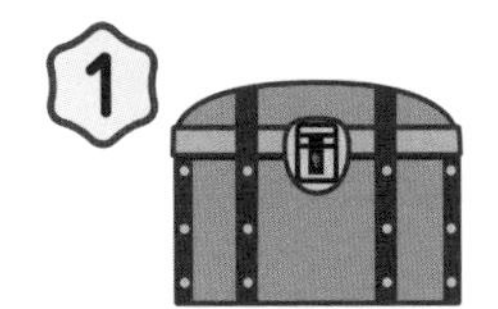
②

③
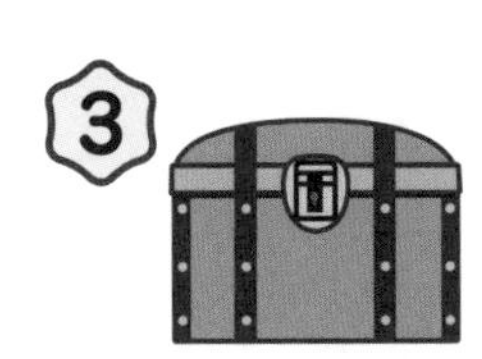
④

小数のたし算①

▶▶▶ 答えはべっさつ8ページ

①～②：1問16点　③～⑥：1問17点

点数　　点

たし算をしましょう。

① 0.1 ＋ 0.2 ＝ □ ←0.1が，1こと2こをたす

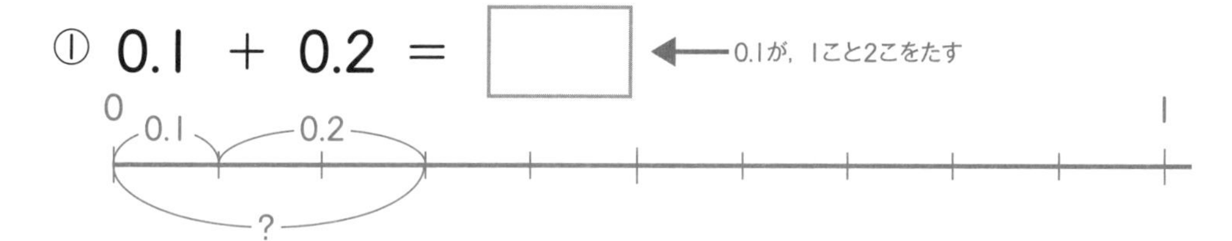

② 0.4 ＋ 0.1 ＝ □ ←0.1が，4こと1こをたす

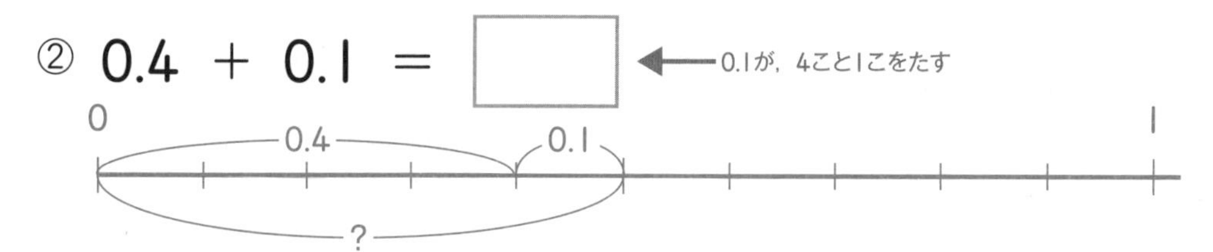

③ 0.2 ＋ 0.3 ＝ □ ←0.1が，2こと3こをたす

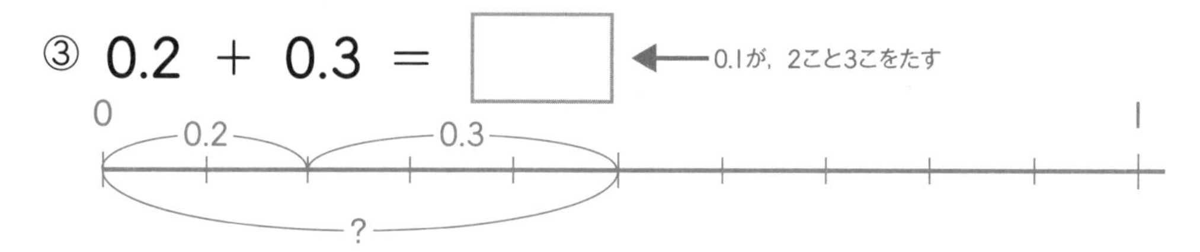

④ 0.3 ＋ 1 ＝ □ ←1は，0.1が10こぶん。0.1が，3こと10こをたす。

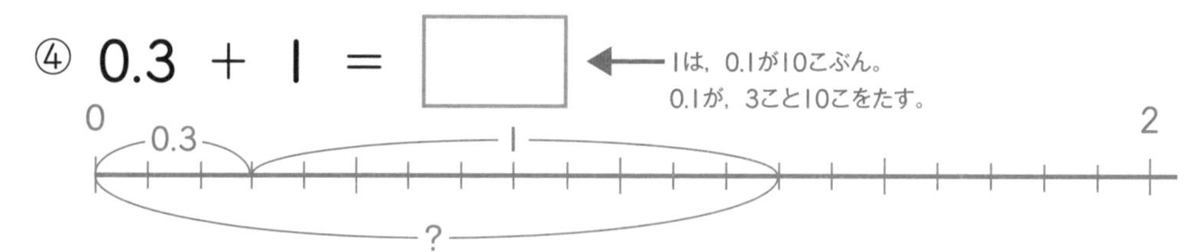

⑤ 0.2 ＋ 2 ＝ □ ←2は，0.1が20こぶん。0.1が，2こと20こをたす。

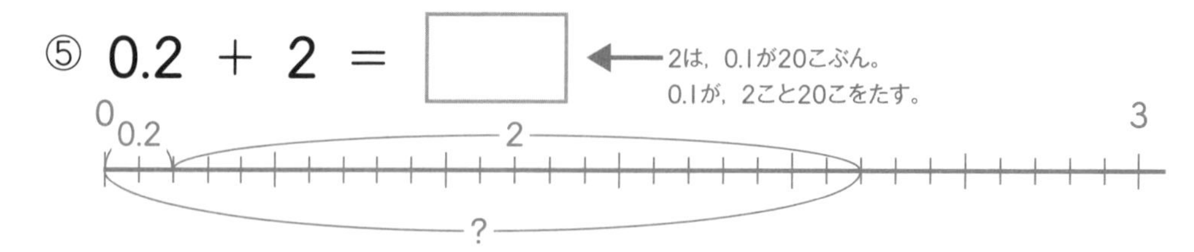

⑥ 0.5 ＋ 3 ＝ □ ←3は，0.1が30こぶん。0.1が，5こと30こをたす。

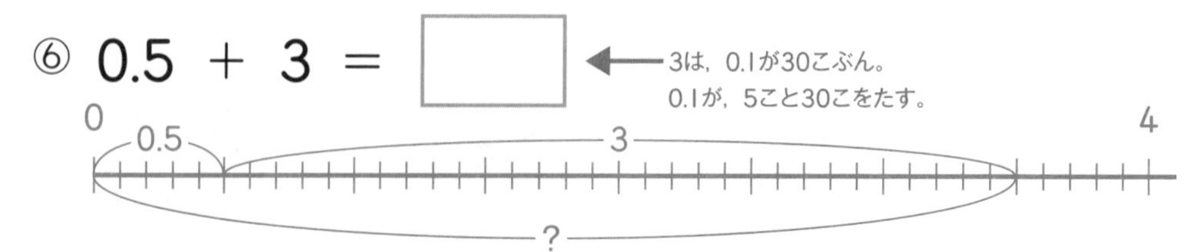

小数のたし算①

▶▶▶ 答えはべっさつ8ページ

①～⑧：1問5点　⑨～⑱：1問6点

点

たし算をしましょう。

① 0.3 ＋ 0.1

② 0.3 ＋ 0.2

③ 0.3 ＋ 0.3

④ 0.4 ＋ 0.5

⑤ 0.4 ＋ 0.2

⑥ 0.6 ＋ 0.2

⑦ 0.2 ＋ 0.5

⑧ 0.1 ＋ 0.8

⑨ 0.7 ＋ 0.2

⑩ 0.5 ＋ 0.3

⑪ 0.4 ＋ 1

⑫ 0.5 ＋ 6

⑬ 0.1 ＋ 4

⑭ 0.6 ＋ 2

⑮ 0.7 ＋ 7

⑯ 0.2 ＋ 9

⑰ 0.9 ＋ 3

⑱ 0.5 ＋ 5

小数のたし算②

▶▶▶ 答えはべっさつ8ページ

たし算をしましょう。

① 1.2 ＋ 0.3 ＝ □ ←0.1が，12こと3こをたす

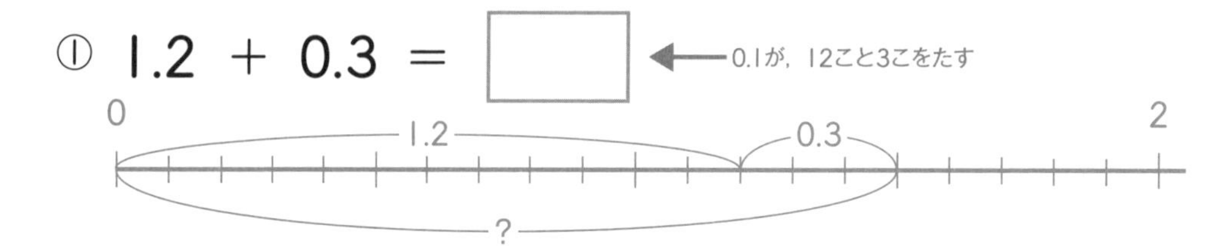

② 2.3 ＋ 0.5 ＝ □ ←0.1が，23こと5こをたす

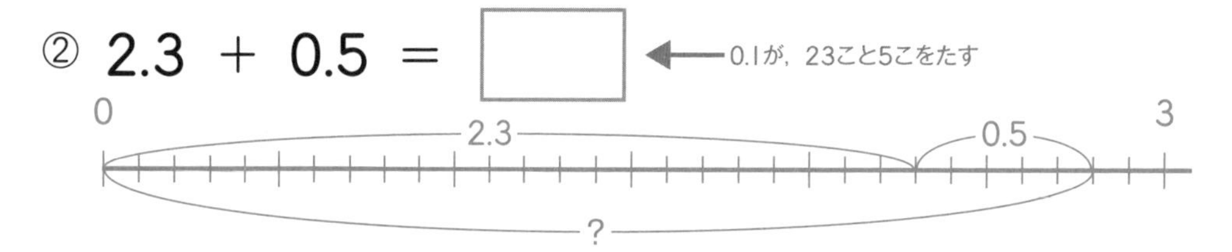

③ 3.1 ＋ 0.7 ＝ □ ←0.1が，31こと7こをたす

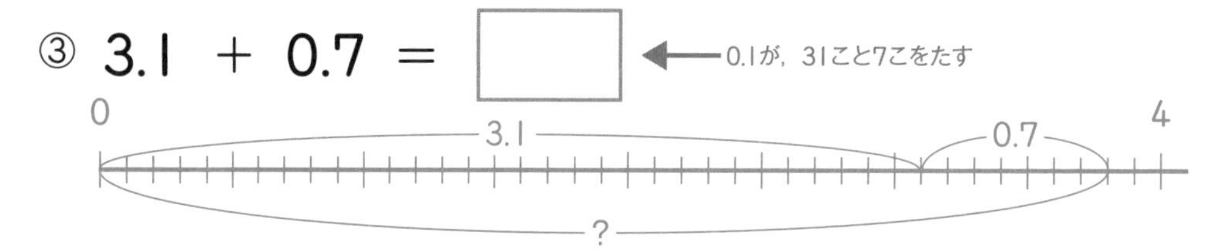

④ 3.5 ＋ 0.3 ＝ □ ←0.1が，35こと3こをたす

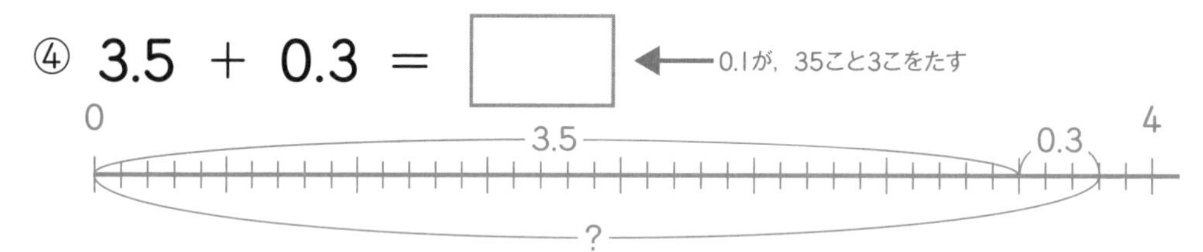

⑤ 2.6 ＋ 0.2 ＝ □ ←0.1が，26こと2こをたす

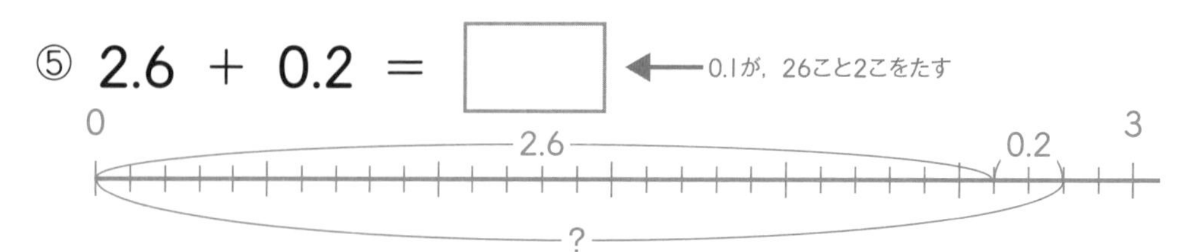

⑥ 1.6 ＋ 0.4 ＝ □ ←0.1が，16こと4こをたす

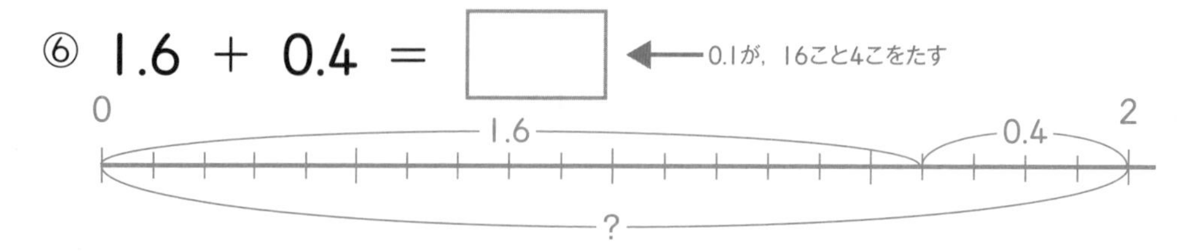

小数のたし算 ②

▶▶▶ 答えはべっさつ8ページ

点

①～⑧：1問5点　⑨～⑱：1問6点

たし算をしましょう。

① 1.4 ＋ 0.3

② 1.5 ＋ 0.2

③ 1.3 ＋ 0.6

④ 3.3 ＋ 0.6

⑤ 3.2 ＋ 0.2

⑥ 4.1 ＋ 0.4

⑦ 5.7 ＋ 0.2

⑧ 2.3 ＋ 0.5

⑨ 4.2 ＋ 0.6

⑩ 3.4 ＋ 0.3

⑪ 2.2 ＋ 0.5

⑫ 3.7 ＋ 0.1

⑬ 3.4 ＋ 0.4

⑭ 4.5 ＋ 0.4

⑮ 4.1 ＋ 0.9

⑯ 1.3 ＋ 0.7

⑰ 5.1 ＋ 0.9

⑱ 6.2 ＋ 0.8

勉強した日　　月　　日

47 小数のひき算①

▶▶▶ 答えはべっさつ8ページ

①～②：1問16点　③～⑥：1問17点

点

ひき算をしましょう。

① 0.3 − 0.1 = □ ← 0.1が，3こから1こをひく

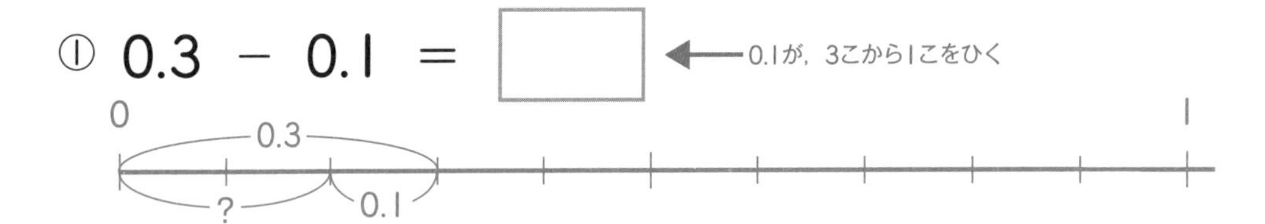

② 0.5 − 0.2 = □ ← 0.1が，5こから2こをひく

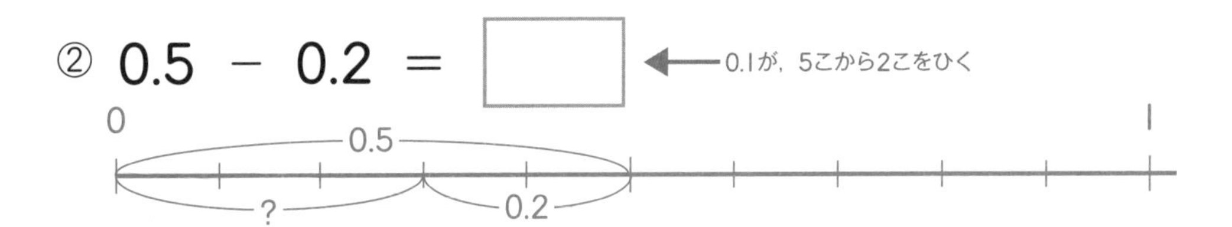

③ 0.4 − 0.3 = □ ← 0.1が，4こから3こをひく

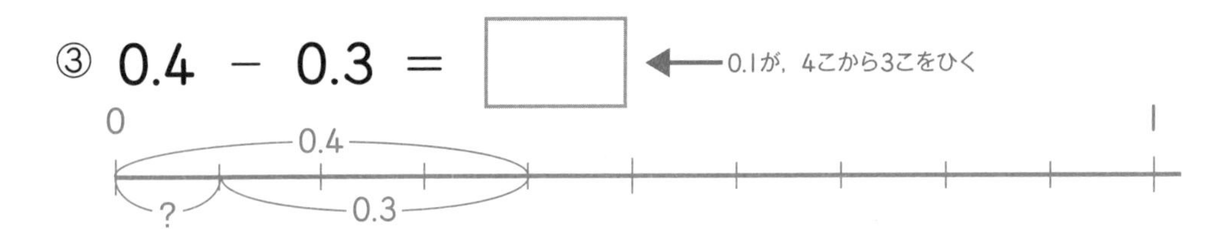

④ 1 − 0.2 = □ ← 1は，0.1が10こぶん。0.1が，10こから2こをひく。

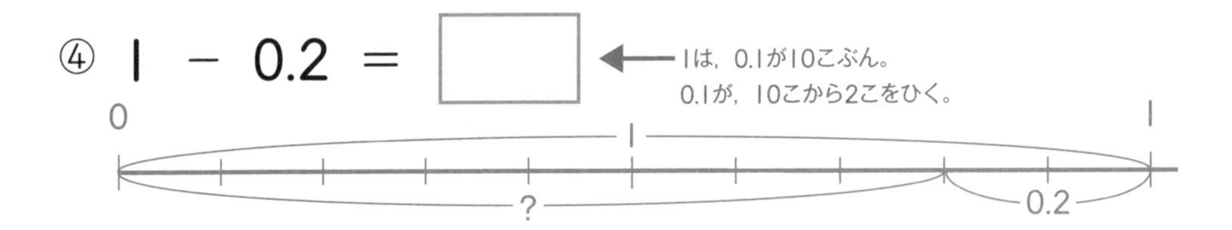

⑤ 1 − 0.4 = □ ← 1は，0.1が10こぶん。0.1が，10こから4こをひく。

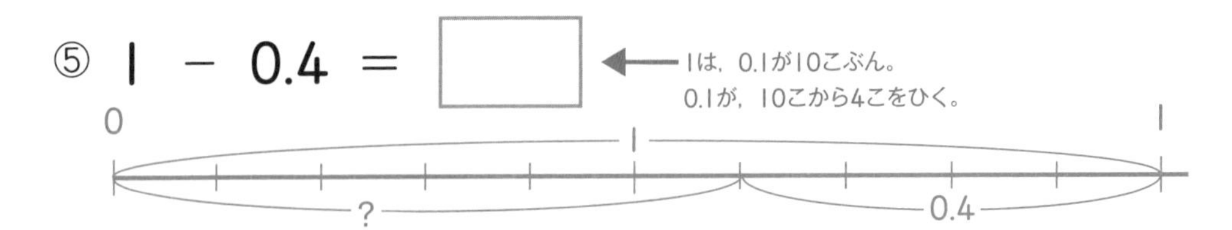

⑥ 1 − 0.8 = □ ← 1は，0.1が10こぶん。0.1が，10こから8こをひく。

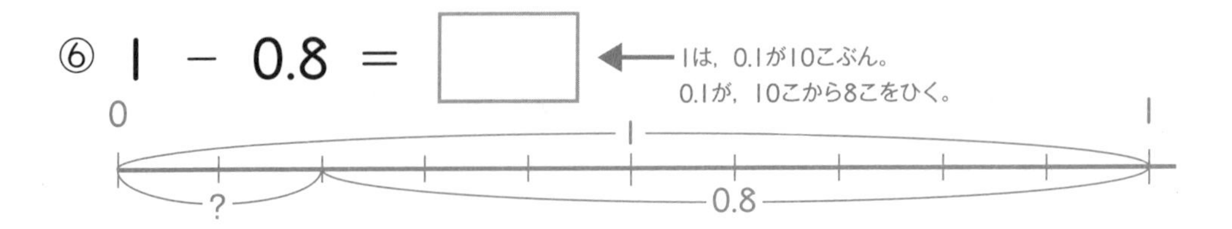

48 小数のひき算①

▶▶▶ 答えはべっさつ8ページ

①～⑧：1問5点　⑨～⑱：1問6点

点

ひき算をしましょう。

① 0.4 － 0.1　　② 0.5 － 0.3

③ 0.6 － 0.3　　④ 0.7 － 0.4

⑤ 0.9 － 0.2　　⑥ 0.6 － 0.5

⑦ 0.8 － 0.7　　⑧ 0.3 － 0.2

⑨ 0.5 － 0.4　　⑩ 0.9 － 0.7

⑪ 0.7 － 0.1　　⑫ 1 － 0.5

⑬ 1 － 0.5　　⑭ 1 － 0.7

⑮ 1 － 0.1　　⑯ 1 － 0.6

⑰ 1 － 0.9　　⑱ 1 － 0.3

勉強した日　　月　　日

小数のひき算②

▶▶▶ 答えはべっさつ9ページ

①～②：1問16点　③～⑥：1問17点

ひき算をしましょう。

① 1.5 － 0.2 ＝ □ ←0.1が，15こから2こをひく

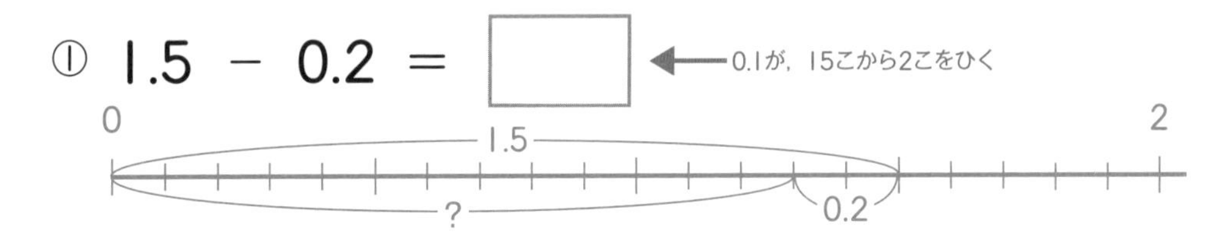

② 1.7 － 0.4 ＝ □ ←0.1が，17こから4こをひく

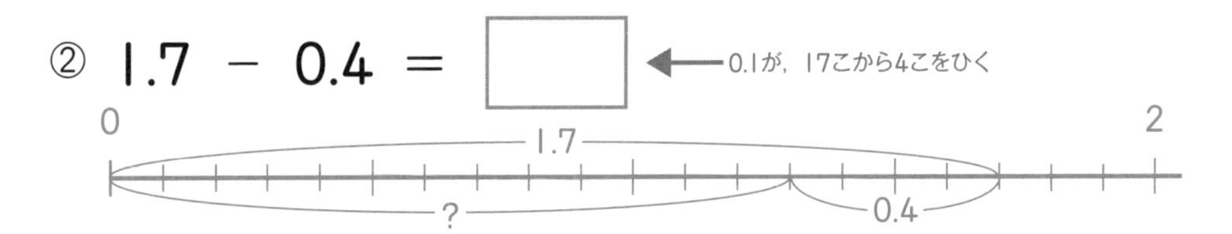

③ 2.9 － 0.7 ＝ □ ←0.1が，29こから7こをひく

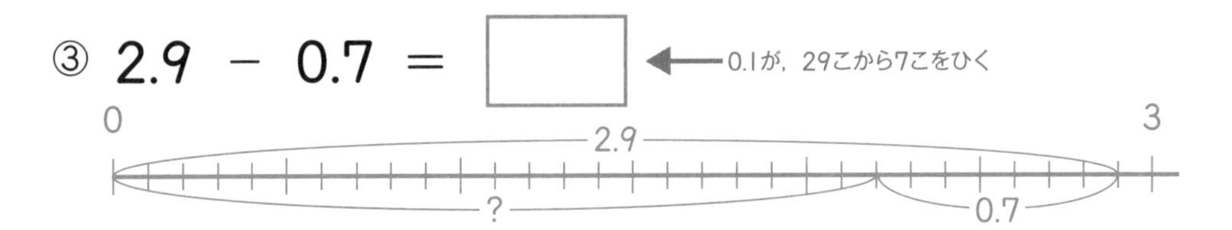

④ 1.4 － 0.8 ＝ □ ←0.1が，14こから8こをひく

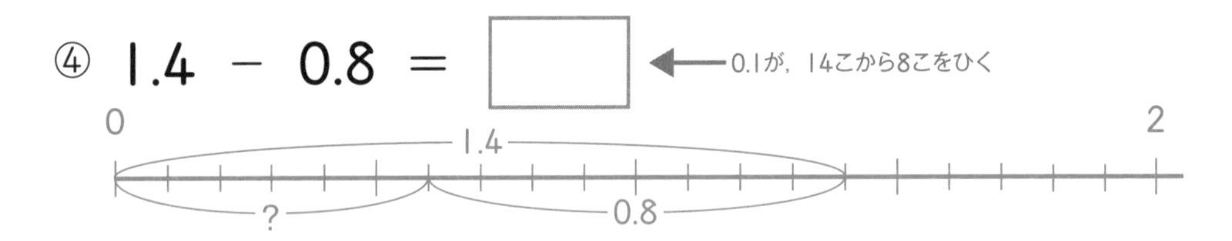

⑤ 2.3 － 0.9 ＝ □ ←0.1が，23こから9こをひく

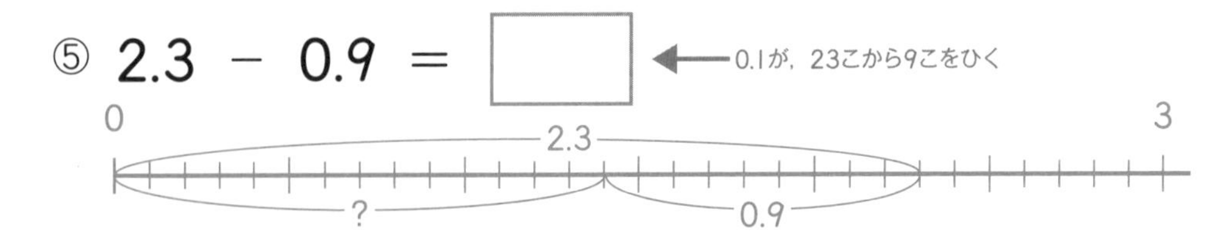

⑥ 3.1 － 0.6 ＝ □ ←0.1が，31こから6こをひく

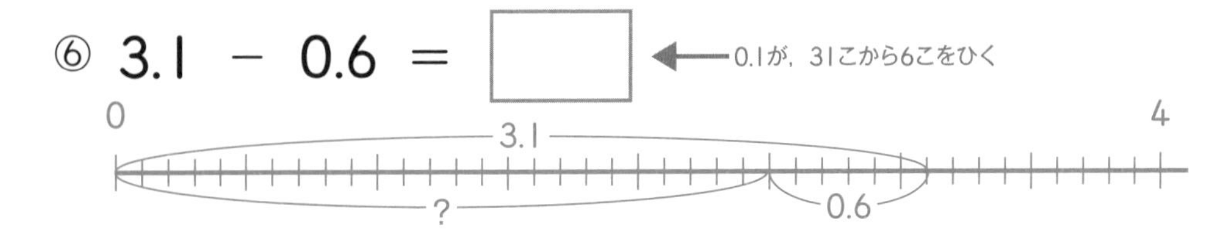

小数のひき算②

▶▶▶ 答えはべっさつ9ページ

①～⑧：1問5点　⑨～⑱：1問6点

点数　　点

ひき算をしましょう。

① 1.9 − 0.3　　② 2.7 − 0.2

③ 4.7 − 0.1　　④ 5.5 − 0.1

⑤ 3.9 − 0.7　　⑥ 3.8 − 0.6

⑦ 4.4 − 0.2　　⑧ 5.2 − 0.1

⑨ 6.5 − 0.4　　⑩ 7.6 − 0.5

⑪ 1.5 − 0.3　　⑫ 1.7 − 0.2

⑬ 4.9 − 0.6　　⑭ 5.8 − 0.2

⑮ 2.6 − 0.6　　⑯ 3.1 − 0.1

⑰ 4.2 − 0.2　　⑱ 4.5 − 0.5

小数のひき算②

▶▶▶ 答えはべっさつ9ページ

点数　　点

①～⑧：1問5点　⑨～⑱：1問6点

ひき算をしましょう。

① 2.7 － 0.8　　② 3.5 － 0.9

③ 4.1 － 0.4　　④ 5.4 － 0.6

⑤ 3.2 － 0.3　　⑥ 2.8 － 0.9

⑦ 7.3 － 0.8　　⑧ 5.6 － 0.7

⑨ 5.3 － 0.6　　⑩ 4.6 － 0.8

⑪ 2.1 － 0.7　　⑫ 3.5 － 0.7

⑬ 5.3 － 0.8　　⑭ 4.7 － 0.8

⑮ 6.8 － 0.9　　⑯ 3.2 － 0.9

⑰ 4.4 － 0.7　　⑱ 2.6 － 0.9

52 小数のたし算・ひき算のまとめ
「1」をつくろう！

▶▶▶答えはべっさつ9ページ

ならんでいる4つの数字をならべかえずに，小数点「.」と，「＋」または「－」を使って，答えが「1」になるようにしよう！

れい

0406 → 0.4＋0.6

問題　**しき**

① 0703 → ＝1

② 1505 → ＝1

③ 0208 → ＝1

④ 3929 → ＝1

小数のたし算の筆算 ①

▶▶▶ 答えはべっさつ9ページ

①～②：1問16点　③～⑥：1問17点

点数　　点

筆算(ひっさん)で計算しましょう。

① 1.5 ＋ 0.6

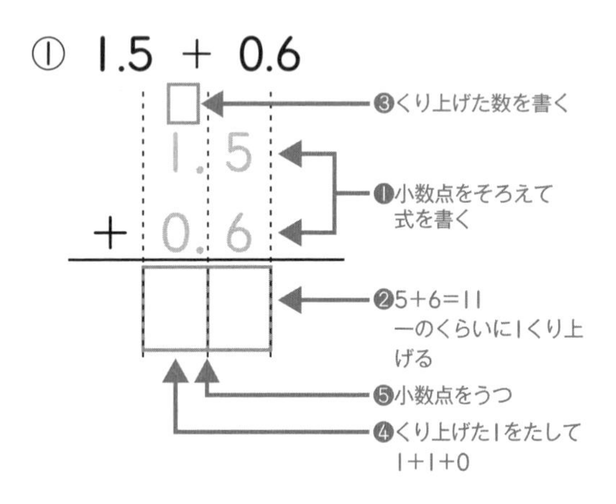

② 2.5 ＋ 1.7

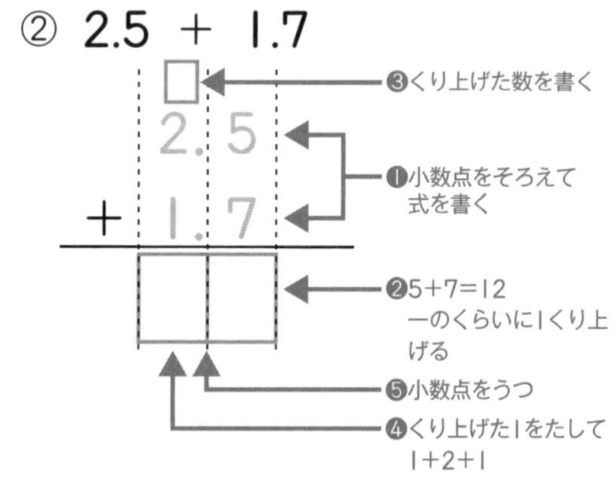

③ 1.4 ＋ 5.8

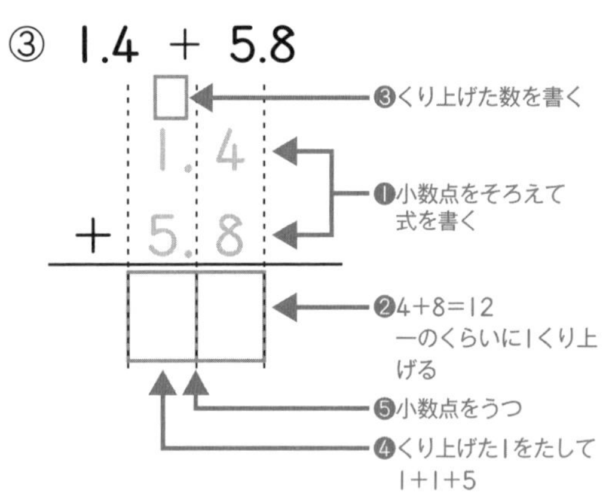

④ 6.9 ＋ 2.6

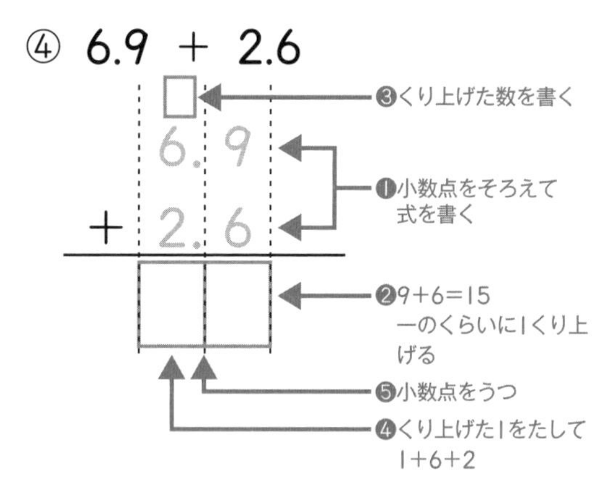

⑤ 3.8 ＋ 4.6

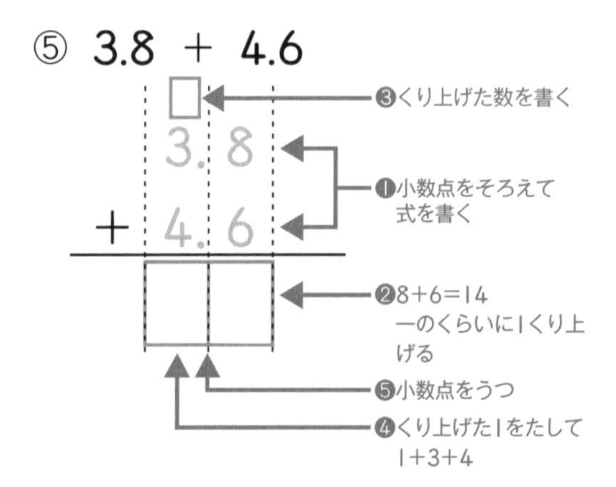

⑥ 5.7 ＋ 3.9

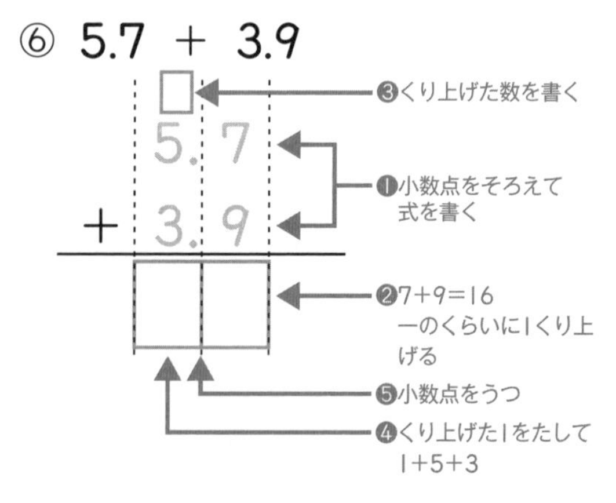

小数のたし算の筆算①

▶▶▶ 答えはべっさつ9ページ

点

①～⑧：1問8点　⑨～⑫：1問9点

筆算(ひっさん)で計算しましょう。

① 0.6 ＋ 0.5　② 0.4 ＋ 1.7　③ 1.2 ＋ 0.9

④ 2.5 ＋ 0.7　⑤ 1.4 ＋ 2.8　⑥ 3.6 ＋ 1.6

⑦ 2.7 ＋ 3.6　⑧ 4.4 ＋ 1.9　⑨ 3.8 ＋ 4.5

⑩ 5.6 ＋ 3.8　⑪ 2.8 ＋ 4.6　⑫ 6.7 ＋ 1.7

小数のたし算の筆算 ①

答えはべっさつ9ページ

①～⑧：1問8点　⑨～⑫：1問9点

点

筆算(ひっさん)で計算しましょう。

① 1.7 ＋ 0.8　② 1.9 ＋ 1.7　③ 2.8 ＋ 2.8

④ 4.8 ＋ 2.7　⑤ 5.7 ＋ 3.8　⑥ 7.7 ＋ 1.9

⑦ 4.6 ＋ 1.9　⑧ 3.7 ＋ 1.8　⑨ 2.8 ＋ 3.8

⑩ 5.9 ＋ 4.6　⑪ 4.8 ＋ 7.9　⑫ 7.9 ＋ 7.9

小数のたし算の筆算②

▶▶▶ 答えはべっさつ10ページ

①～②：1問16点　③～⑥：1問17点

筆算(ひっさん)で計算しましょう。

① 1.3 ＋ 2

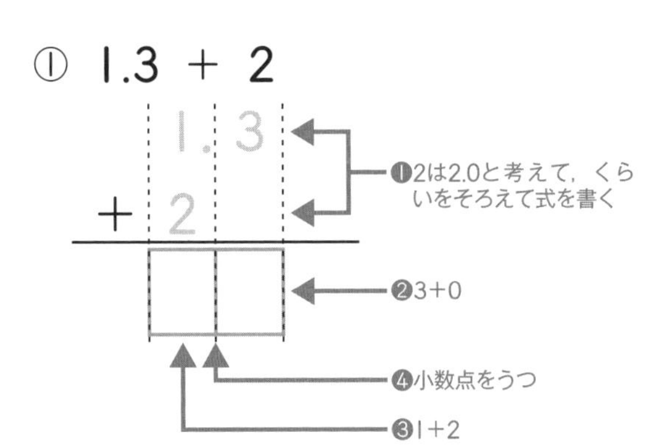

② 4.6 ＋ 3

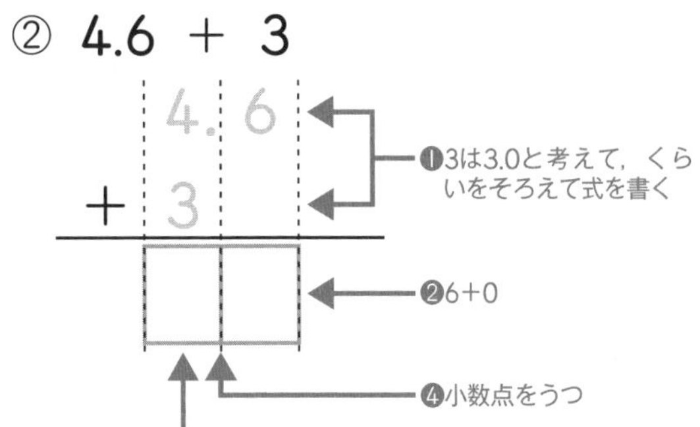

③ 8.5 ＋ 5

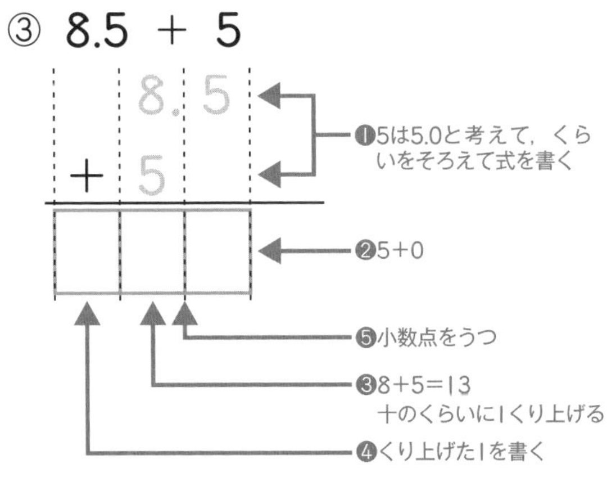

④ 3 ＋ 4.9

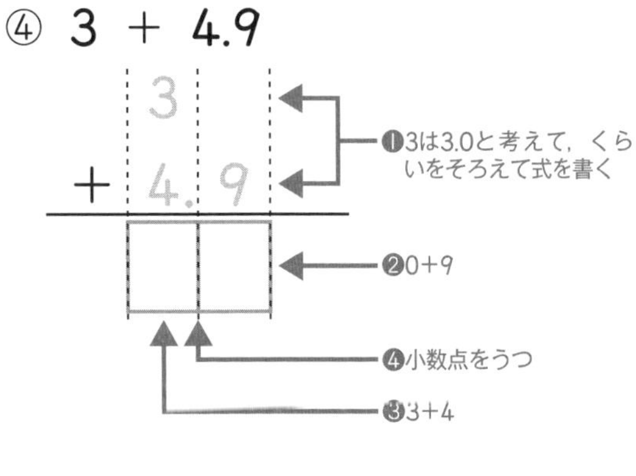

⑤ 5 ＋ 6.4

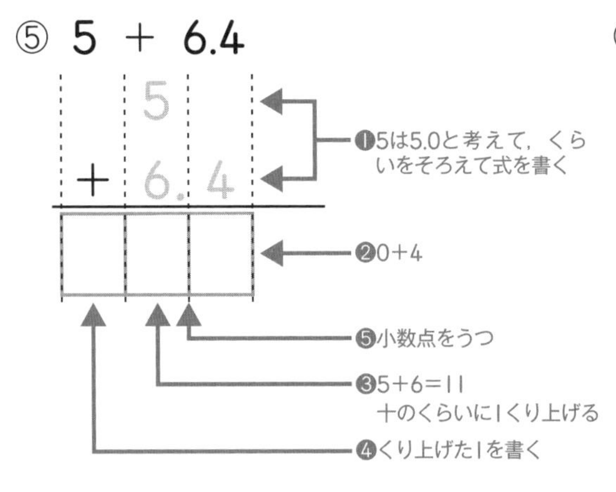

⑥ 8 ＋ 7.6

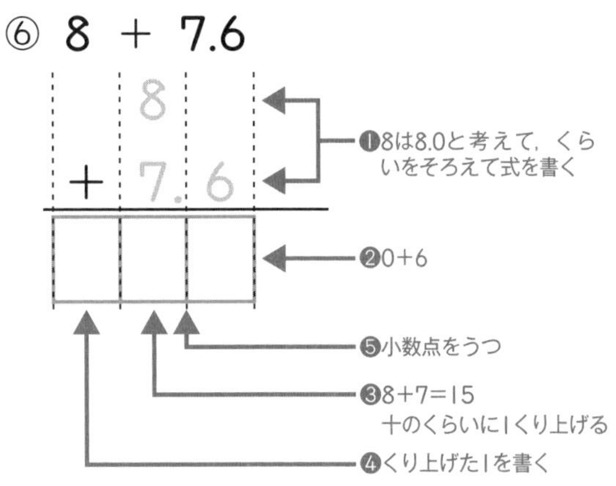

小数のたし算の筆算②

▶▶▶ 答えはべっさつ10ページ

点

①～⑧：1問8点　⑨～⑫：1問9点

筆算（ひっさん）で計算しましょう。

① 6.1 ＋ 3　② 4.9 ＋ 5　③ 5.2 ＋ 2

④ 1.9 ＋ 2　⑤ 2.5 ＋ 4　⑥ 2.1 ＋ 6

⑦ 2.2 ＋ 7　⑧ 7.8 ＋ 8　⑨ 9.4 ＋ 6

⑩ 8.3 ＋ 7　⑪ 5.5 ＋ 5　⑫ 8.2 ＋ 8

小数のたし算の筆算②

答えはべっさつ10ページ

筆算（ひっさん）で計算しましょう。

① 2 ＋ 6.6　② 5 ＋ 4.4　③ 1 ＋ 8.2

④ 4 ＋ 3.3　⑤ 5 ＋ 3.9　⑥ 3 ＋ 6.8

⑦ 6 ＋ 2.7　⑧ 8 ＋ 2.6　⑨ 9 ＋ 9.1

⑩ 5 ＋ 7.5　⑪ 8.8 ＋ 2　⑫ 9.9 ＋ 9

59 小数のひき算の筆算 ①

▶▶▶ 答えはべっさつ10ページ

①～②：1問16点　③～⑥：1問17点

筆算(ひっさん)で計算しましょう。

① 3.5 － 1.2

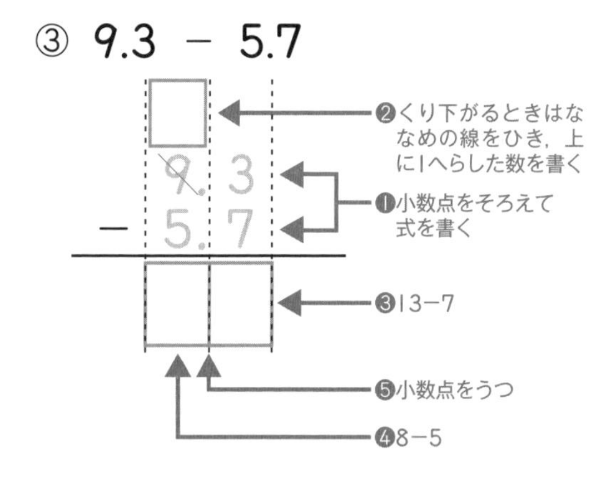

② 6.4 － 4.3

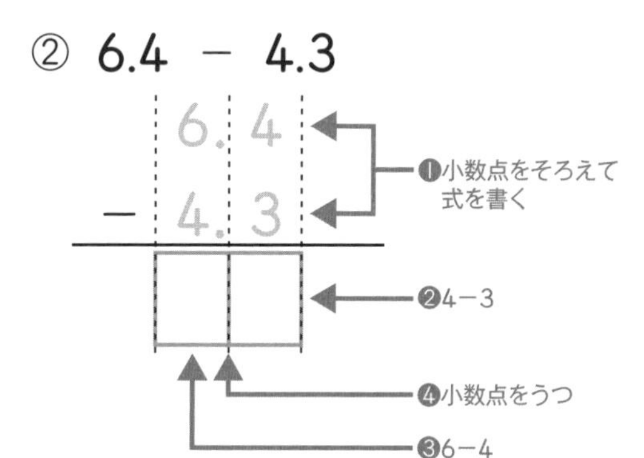

③ 9.3 － 5.7

④ 8.2 － 6.9

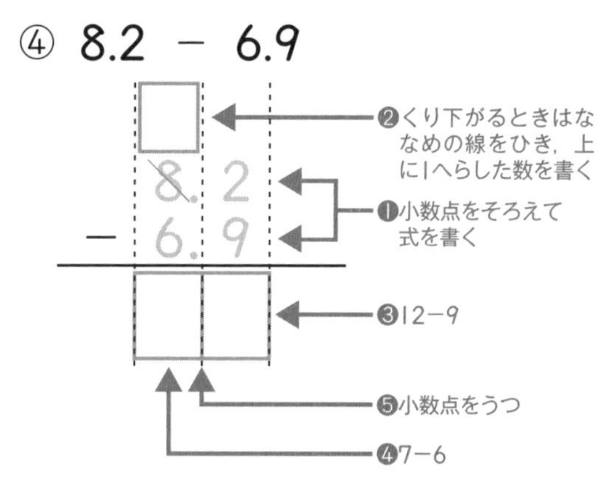

⑤ 5.6 － 2.6

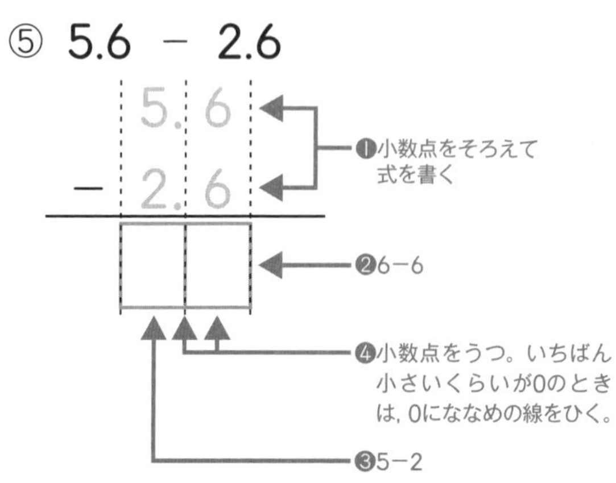

⑥ 9.9 － 3.9

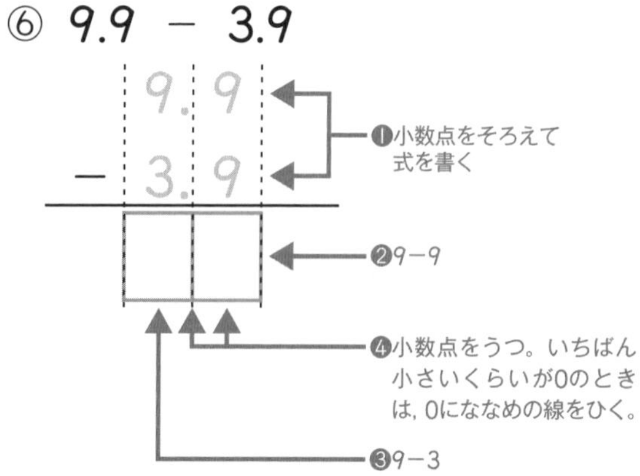

小数のひき算の筆算①

答えはべっさつ10ページ

①～⑧：1問8点　⑨～⑫：1問9点

筆算(ひっさん)で計算しましょう。

① 4.6 － 2.4　② 5.7 － 3.5　③ 7.9 － 4.4

④ 5.1 － 2.2　⑤ 6.3 － 3.5　⑥ 4.4 － 1.9

⑦ 7.5 － 4.8　⑧ 9.2 － 5.7　⑨ 8.6 － 7.9

⑩ 6.8 － 3.8　⑪ 8.1 － 2.1　⑫ 9.4 － 4.4

61 小数のひき算の筆算②

▶▶▶ 答えはべっさつ11ページ

①～②：1問16点　③～⑥：1問17点

筆算(ひっさん)で計算しましょう。

① 3.8 － 2

② 5.1 － 4

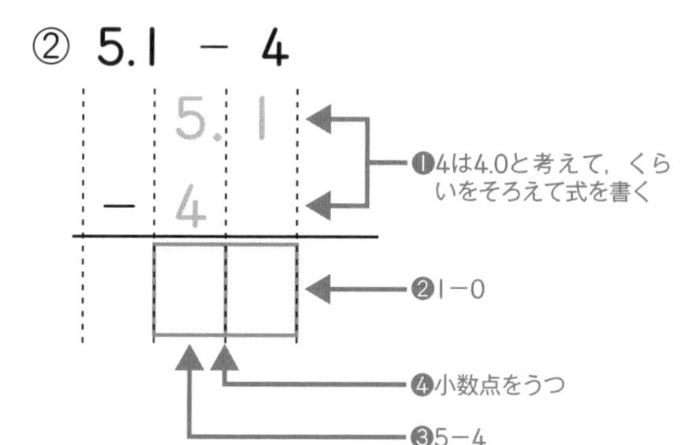

③ 8.9 － 7

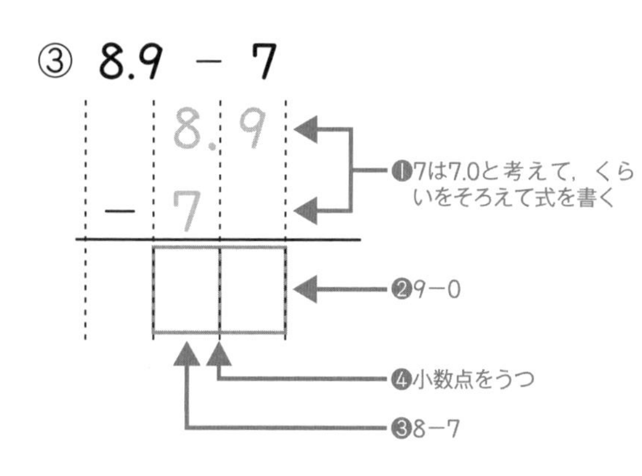

④ 4 － 1.6

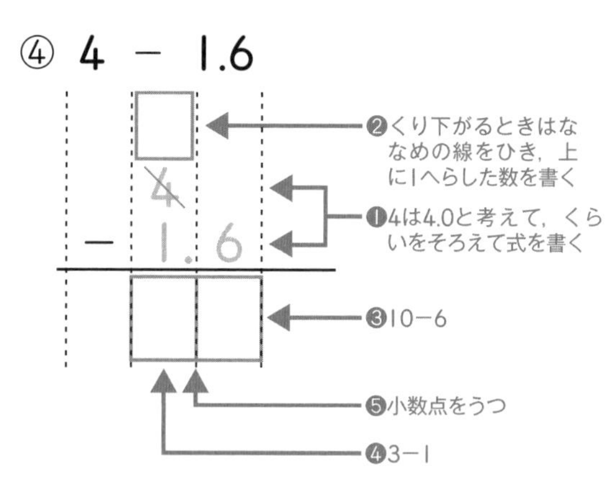

⑤ 7 － 3.8

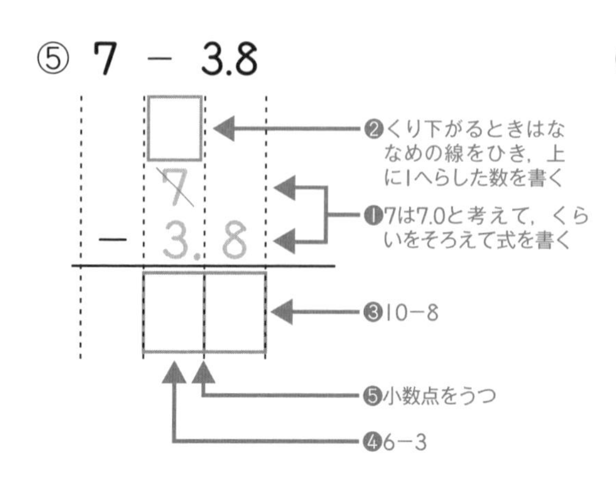

⑥ 9 － 6.7

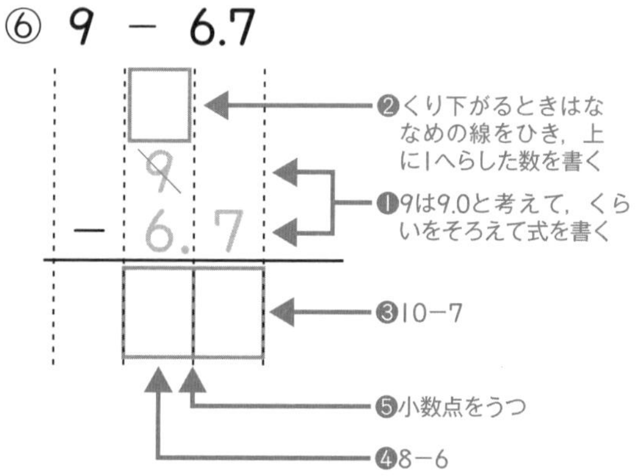

小数のひき算の筆算②

答えはべっさつ11ページ

筆算（ひっさん）で計算しましょう。

① 2.2 − 1　　② 4.9 − 3　　③ 5.3 − 3

④ 7.6 − 6　　⑤ 6.1 − 2　　⑥ 8.8 − 5

⑦ 3.5 − 1　　⑧ 5.7 − 3　　⑨ 7.4 − 2

⑩ 6.6 − 3　　⑪ 8.2 − 4　　⑫ 9.6 − 3

小数のひき算の筆算②

答えはべっさつ11ページ

点

①～⑧：1問8点　⑨～⑫：1問9点

筆算(ひっさん)で計算しましょう。

① 5 − 1.1　　② 4 − 2.2　　③ 6 − 3.3

④ 8 − 1.5　　⑤ 9 − 2.4　　⑥ 7 − 3.6

⑦ 9 − 2.9　　⑧ 7 − 3.6　　⑨ 8 − 7.2

⑩ 6 − 5.6　　⑪ 9 − 3.1　　⑫ 8 − 5.9

勉強した日　　月　　日

64 小数のたし算・ひき算の筆算のまとめ
魔方陣

答えはべっさつ11ページ

「まほうじん」ってしっているかな。下のれいの表をみてごらん。
あら，ふしぎ！たて，よこ，ななめの1れつの3つの数字をたすと，
答えがどこも15になるね！これが「まほうじん」。じゃあ，同じように，
小数のまほうじん作りにちょうせんしてみよう！
表の**ア～オ**に入る数字はいくつかな？

れい

8	1	6
3	5	7
4	9	2

問題

ア	0.7	0.6
0.9	イ	ウ
エ	オ	0.8

2けたの数をかけるかけ算①

▶▶▶ 答えはべっさつ12ページ

①～②：1問16点　③～⑥：1問17点

かけ算をしましょう。

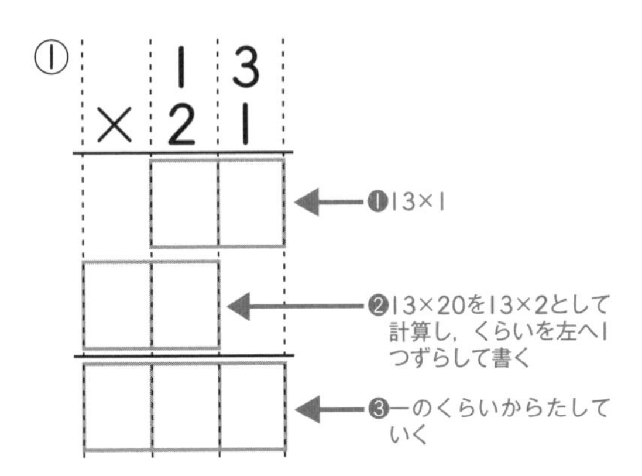

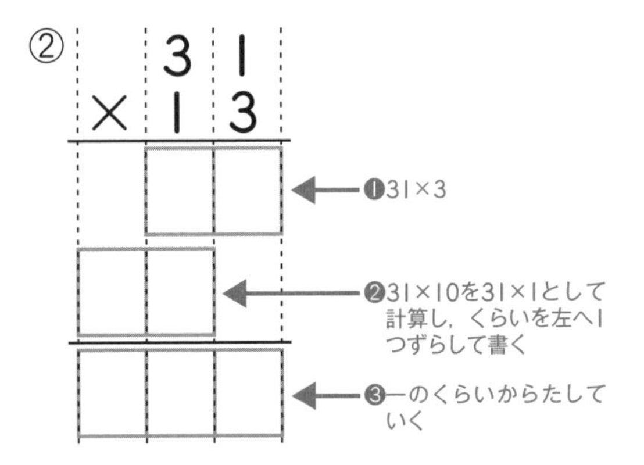

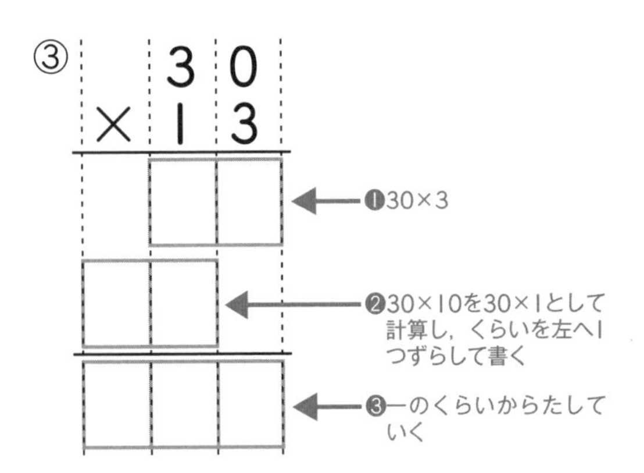

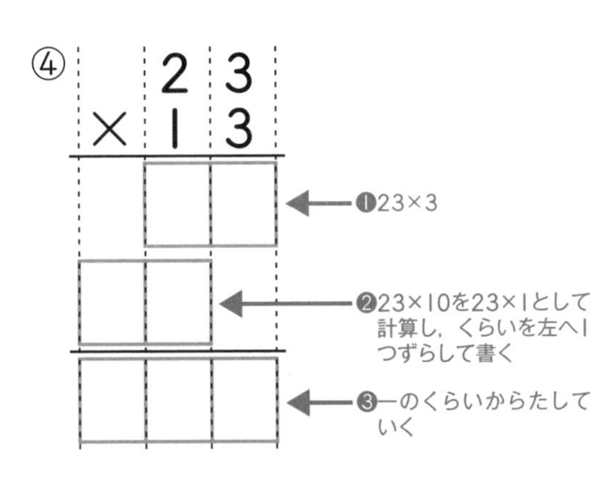

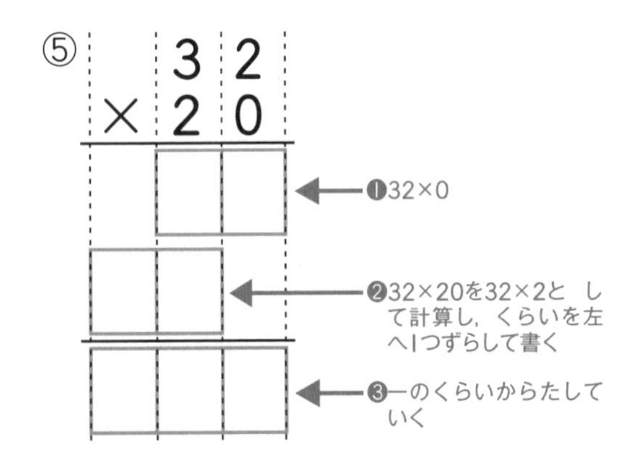

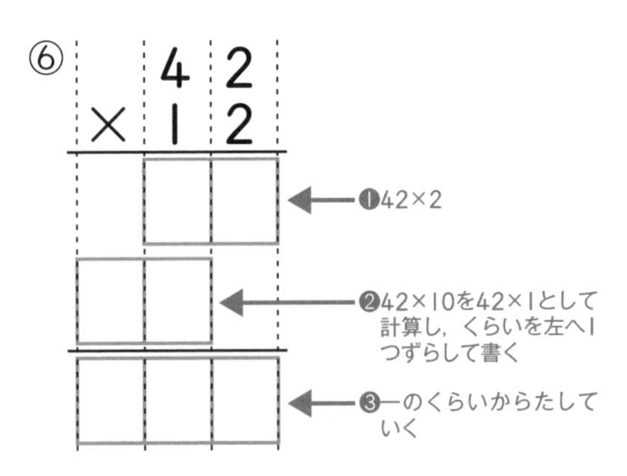

2けたの数をかけるかけ算 ①

答えはべっさつ12ページ

点

①～⑧：1問8点　⑨～⑫：1問9点

かけ算をしましょう。

① $\begin{array}{r} 11 \\ \times\ 12 \\ \hline \end{array}$

② $\begin{array}{r} 13 \\ \times\ 11 \\ \hline \end{array}$

③ $\begin{array}{r} 17 \\ \times\ 11 \\ \hline \end{array}$

④ $\begin{array}{r} 12 \\ \times\ 21 \\ \hline \end{array}$

⑤ $\begin{array}{r} 10 \\ \times\ 12 \\ \hline \end{array}$

⑥ $\begin{array}{r} 21 \\ \times\ 13 \\ \hline \end{array}$

⑦ $\begin{array}{r} 11 \\ \times\ 34 \\ \hline \end{array}$

⑧ $\begin{array}{r} 31 \\ \times\ 22 \\ \hline \end{array}$

⑨ $\begin{array}{r} 23 \\ \times\ 21 \\ \hline \end{array}$

⑩ $\begin{array}{r} 24 \\ \times\ 12 \\ \hline \end{array}$

⑪ $\begin{array}{r} 41 \\ \times\ 12 \\ \hline \end{array}$

⑫ $\begin{array}{r} 54 \\ \times\ 11 \\ \hline \end{array}$

2けたの数をかけるかけ算①

▶▶▶ 答えはべっさつ12ページ

①～⑧：1問8点　⑨～⑫：1問9点

点

かけ算をしましょう。

① 41×11

② 11×45

③ 26×11

④ 31×12

⑤ 21×12

⑥ 13×20

⑦ 21×43

⑧ 23×23

⑨ 24×21

⑩ 13×22

⑪ 22×43

⑫ 81×11

 勉強した日  月 日

68 2けたの数をかけるかけ算①

▶▶▶ 答えはべっさつ12ページ

①～⑧：1問8点　⑨～⑫：1問9点

点

かけ算をしましょう。

① $\begin{array}{r} 28 \\ \times\ 11 \\ \hline \end{array}$

② $\begin{array}{r} 34 \\ \times\ 12 \\ \hline \end{array}$

③ $\begin{array}{r} 14 \\ \times\ 22 \\ \hline \end{array}$

④ $\begin{array}{r} 23 \\ \times\ 30 \\ \hline \end{array}$

⑤ $\begin{array}{r} 42 \\ \times\ 12 \\ \hline \end{array}$

⑥ $\begin{array}{r} 41 \\ \times\ 22 \\ \hline \end{array}$

⑦ $\begin{array}{r} 33 \\ \times\ 22 \\ \hline \end{array}$

⑧ $\begin{array}{r} 31 \\ \times\ 23 \\ \hline \end{array}$

⑨ $\begin{array}{r} 43 \\ \times\ 21 \\ \hline \end{array}$

⑩ $\begin{array}{r} 24 \\ \times\ 21 \\ \hline \end{array}$

⑪ $\begin{array}{r} 22 \\ \times\ 34 \\ \hline \end{array}$

⑫ $\begin{array}{r} 34 \\ \times\ 21 \\ \hline \end{array}$

2けたの数をかけるかけ算②

▶▶▶ 答えはべっさつ12ページ

点

①〜②：1問16点　③〜⑥：1問17点

かけ算をしましょう。

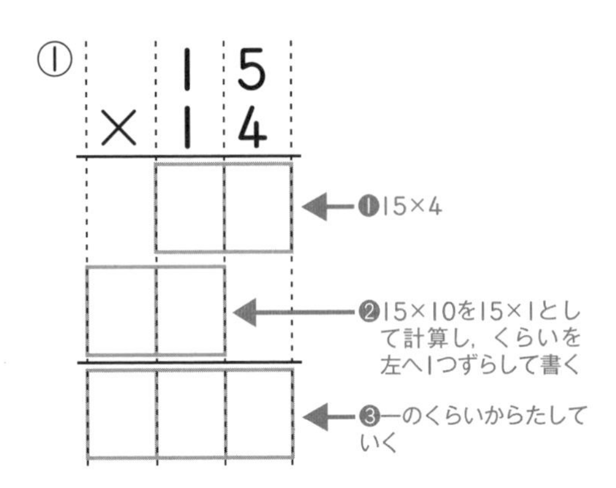

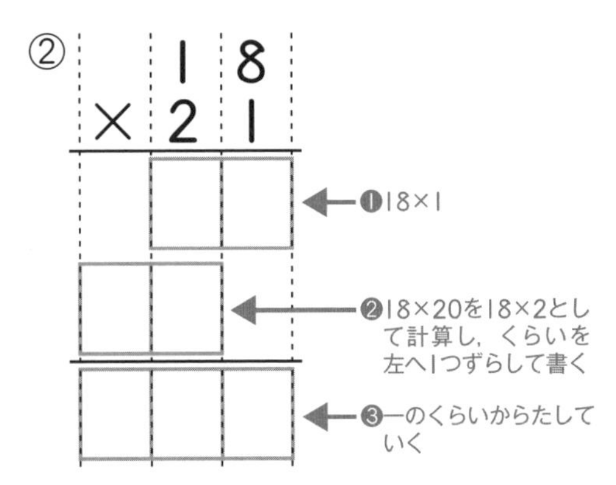

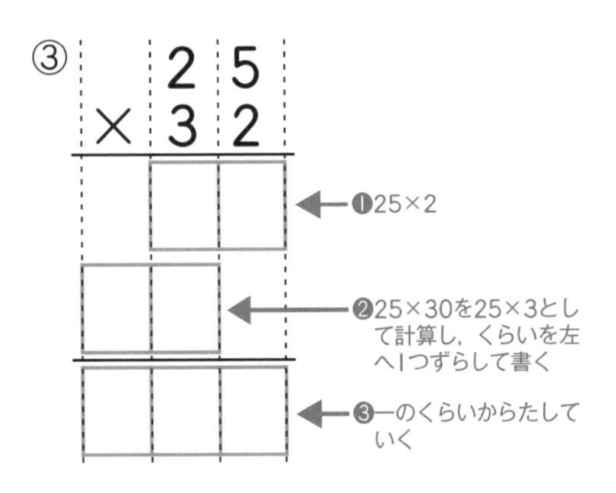

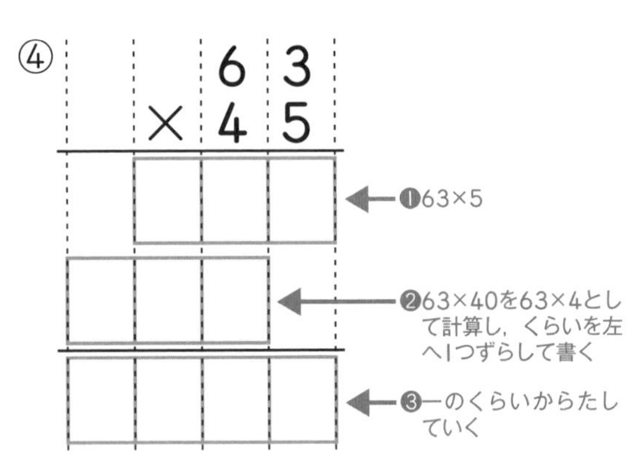

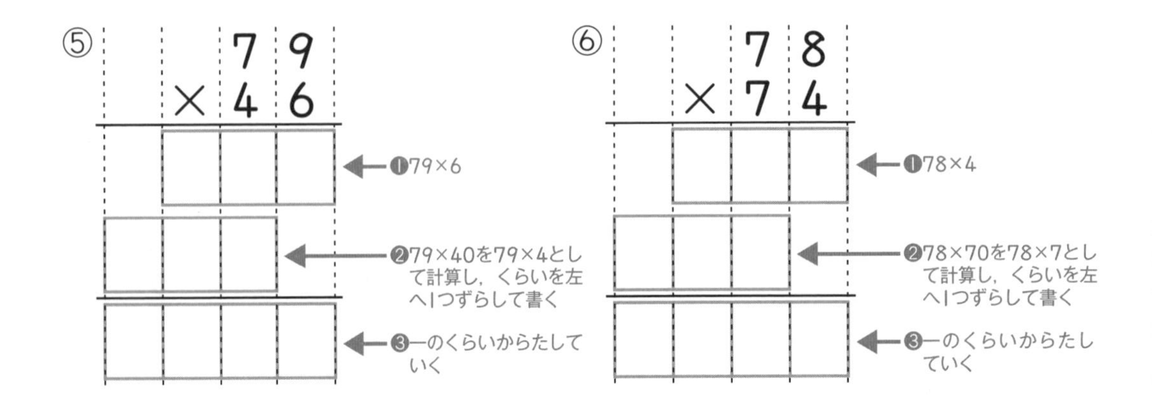

70 2けたの数をかけるかけ算②

▶▶▶ 答えはべっさつ13ページ

点

かけ算をしましょう。

① 16×13

② 23×18

③ 14×25

④ 29×22

⑤ 32×28

⑥ 37×26

⑦ 17×21

⑧ 29×21

⑨ 26×71

⑩ 34×32

⑪ 22×54

⑫ 43×42

2けたの数をかけるかけ算②

▶▶▶ 答えはべっさつ13ページ

点数　　　点

①～⑧：1問8点　⑨～⑫：1問9点

かけ算をしましょう。

① $\begin{array}{r} 19 \\ \times\ 24 \\ \hline \end{array}$

② $\begin{array}{r} 27 \\ \times\ 36 \\ \hline \end{array}$

③ $\begin{array}{r} 28 \\ \times\ 34 \\ \hline \end{array}$

④ $\begin{array}{r} 35 \\ \times\ 26 \\ \hline \end{array}$

⑤ $\begin{array}{r} 39 \\ \times\ 32 \\ \hline \end{array}$

⑥ $\begin{array}{r} 23 \\ \times\ 46 \\ \hline \end{array}$

⑦ $\begin{array}{r} 38 \\ \times\ 45 \\ \hline \end{array}$

⑧ $\begin{array}{r} 52 \\ \times\ 67 \\ \hline \end{array}$

⑨ $\begin{array}{r} 79 \\ \times\ 53 \\ \hline \end{array}$

⑩ $\begin{array}{r} 53 \\ \times\ 68 \\ \hline \end{array}$

⑪ $\begin{array}{r} 45 \\ \times\ 36 \\ \hline \end{array}$

⑫ $\begin{array}{r} 92 \\ \times\ 86 \\ \hline \end{array}$

2けたの数をかけるかけ算②

▶▶▶ 答えはべっさつ13ページ

①～⑧：1問8点　⑨～⑫：1問9点

点

かけ算をしましょう。

① 16×79

② 18×67

③ 28×59

④ 27×74

⑤ 35×79

⑥ 64×38

⑦ 78×82

⑧ 69×85

⑨ 78×76

⑩ 87×67

⑪ 85×66

⑫ 78×89

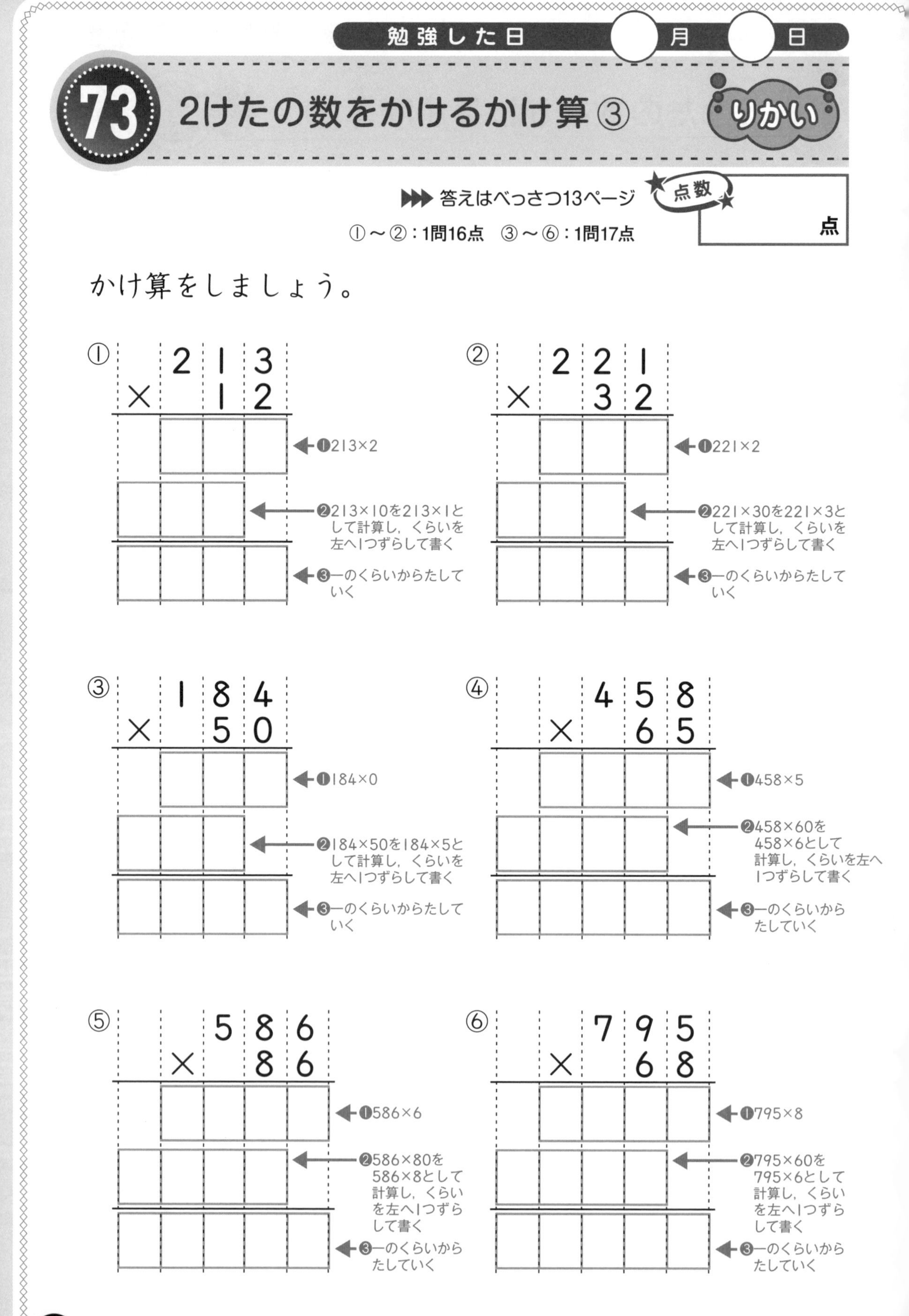

2けたの数をかけるかけ算③

答えはべっさつ13ページ

①～②：1問16点　③～⑥：1問17点

かけ算をしましょう。

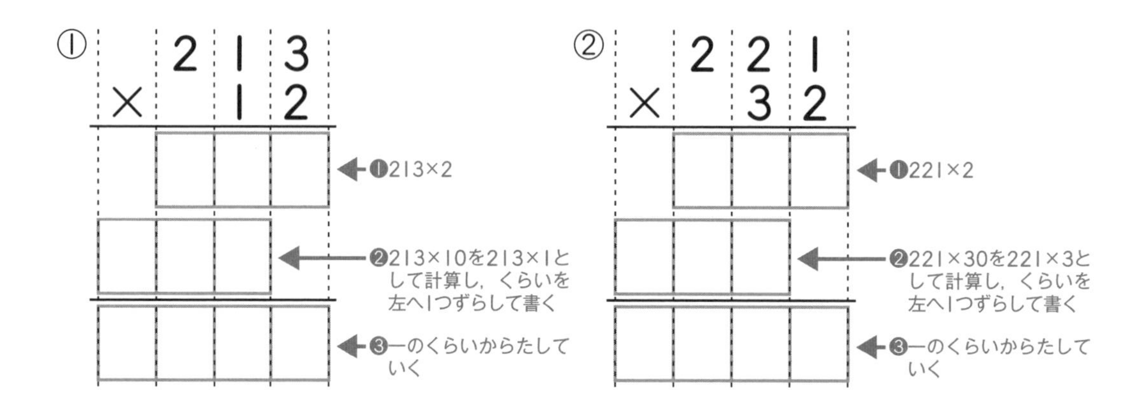

① 213 × 12
- ❶213×2
- ❷213×10を213×1として計算し，くらいを左へ1つずらして書く
- ❸一のくらいからたしていく

② 221 × 32
- ❶221×2
- ❷221×30を221×3として計算し，くらいを左へ1つずらして書く
- ❸一のくらいからたしていく

③ 184 × 50
- ❶184×0
- ❷184×50を184×5として計算し，くらいを左へ1つずらして書く
- ❸一のくらいからたしていく

④ 458 × 65
- ❶458×5
- ❷458×60を458×6として計算し，くらいを左へ1つずらして書く
- ❸一のくらいからたしていく

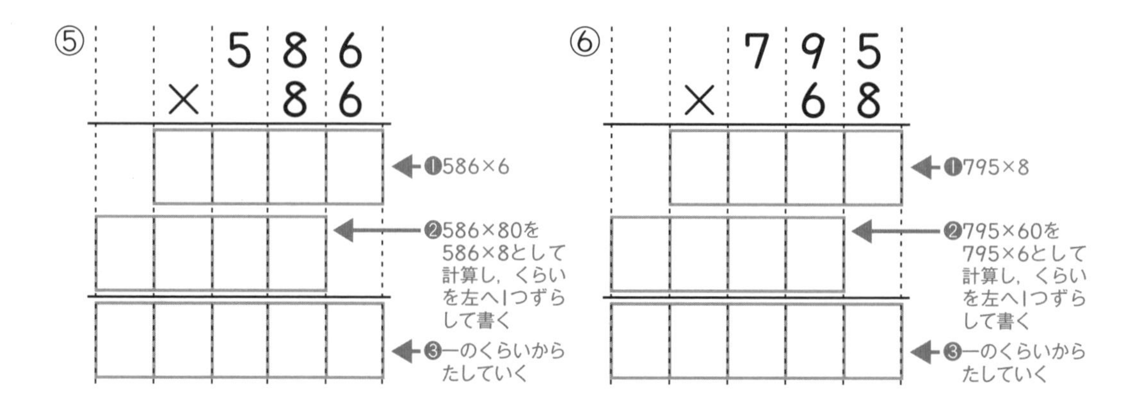

⑤ 586 × 86
- ❶586×6
- ❷586×80を586×8として計算し，くらいを左へ1つずらして書く
- ❸一のくらいからたしていく

⑥ 795 × 68
- ❶795×8
- ❷795×60を795×6として計算し，くらいを左へ1つずらして書く
- ❸一のくらいからたしていく

2けたの数をかけるかけ算③

▶▶▶ 答えはべっさつ13ページ

点

①～⑧：1問8点　⑨～⑫：1問9点

かけ算をしましょう。

① $\begin{array}{r} 126 \\ \times\ \ 12 \\ \hline \end{array}$

② $\begin{array}{r} 217 \\ \times\ \ 21 \\ \hline \end{array}$

③ $\begin{array}{r} 314 \\ \times\ \ 25 \\ \hline \end{array}$

④ $\begin{array}{r} 158 \\ \times\ \ 36 \\ \hline \end{array}$

⑤ $\begin{array}{r} 284 \\ \times\ \ 45 \\ \hline \end{array}$

⑥ $\begin{array}{r} 397 \\ \times\ \ 32 \\ \hline \end{array}$

⑦ $\begin{array}{r} 576 \\ \times\ \ 69 \\ \hline \end{array}$

⑧ $\begin{array}{r} 648 \\ \times\ \ 73 \\ \hline \end{array}$

⑨ $\begin{array}{r} 729 \\ \times\ \ 68 \\ \hline \end{array}$

⑩ $\begin{array}{r} 872 \\ \times\ \ 87 \\ \hline \end{array}$

⑪ $\begin{array}{r} 785 \\ \times\ \ 96 \\ \hline \end{array}$

⑫ $\begin{array}{r} 956 \\ \times\ \ 89 \\ \hline \end{array}$

2けたの数をかけるかけ算③

▶▶▶ 答えはべっさつ13ページ

①～⑧：1問8点　⑨～⑫：1問9点

点数 　　点

かけ算をしましょう。

① $\begin{array}{r} 138 \\ \times\ \ 13 \\ \hline \end{array}$

② $\begin{array}{r} 227 \\ \times\ \ 23 \\ \hline \end{array}$

③ $\begin{array}{r} 325 \\ \times\ \ 26 \\ \hline \end{array}$

④ $\begin{array}{r} 184 \\ \times\ \ 38 \\ \hline \end{array}$

⑤ $\begin{array}{r} 269 \\ \times\ \ 43 \\ \hline \end{array}$

⑥ $\begin{array}{r} 386 \\ \times\ \ 52 \\ \hline \end{array}$

⑦ $\begin{array}{r} 518 \\ \times\ \ 67 \\ \hline \end{array}$

⑧ $\begin{array}{r} 656 \\ \times\ \ 76 \\ \hline \end{array}$

⑨ $\begin{array}{r} 747 \\ \times\ \ 85 \\ \hline \end{array}$

⑩ $\begin{array}{r} 891 \\ \times\ \ 79 \\ \hline \end{array}$

⑪ $\begin{array}{r} 857 \\ \times\ \ 89 \\ \hline \end{array}$

⑫ $\begin{array}{r} 945 \\ \times\ \ 96 \\ \hline \end{array}$

2けたの数をかけるかけ算③

▶▶▶ 答えはべっさつ13ページ

点

①～⑧：1問8点　⑨～⑫：1問9点

かけ算をしましょう。

① $\begin{array}{r} 214 \\ \times \quad 18 \\ \hline \end{array}$

② $\begin{array}{r} 326 \\ \times \quad 24 \\ \hline \end{array}$

③ $\begin{array}{r} 419 \\ \times \quad 27 \\ \hline \end{array}$

④ $\begin{array}{r} 237 \\ \times \quad 34 \\ \hline \end{array}$

⑤ $\begin{array}{r} 315 \\ \times \quad 46 \\ \hline \end{array}$

⑥ $\begin{array}{r} 458 \\ \times \quad 43 \\ \hline \end{array}$

⑦ $\begin{array}{r} 681 \\ \times \quad 68 \\ \hline \end{array}$

⑧ $\begin{array}{r} 725 \\ \times \quad 84 \\ \hline \end{array}$

⑨ $\begin{array}{r} 854 \\ \times \quad 75 \\ \hline \end{array}$

⑩ $\begin{array}{r} 867 \\ \times \quad 82 \\ \hline \end{array}$

⑪ $\begin{array}{r} 982 \\ \times \quad 96 \\ \hline \end{array}$

⑫ $\begin{array}{r} 986 \\ \times \quad 97 \\ \hline \end{array}$

77 2けたの数をかけるかけ算④

▶▶▶ 答えはべっさつ14ページ

①～②：1問16点　③～⑥：1問17点

かけ算をしましょう。

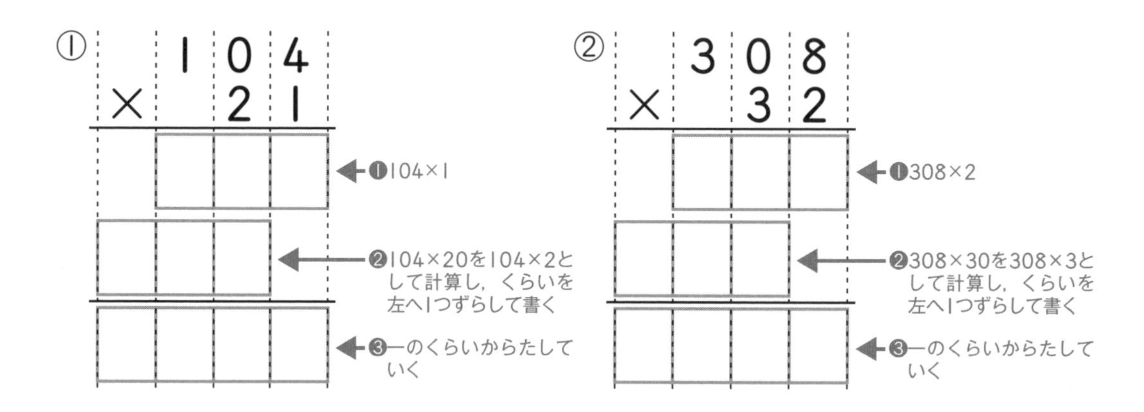

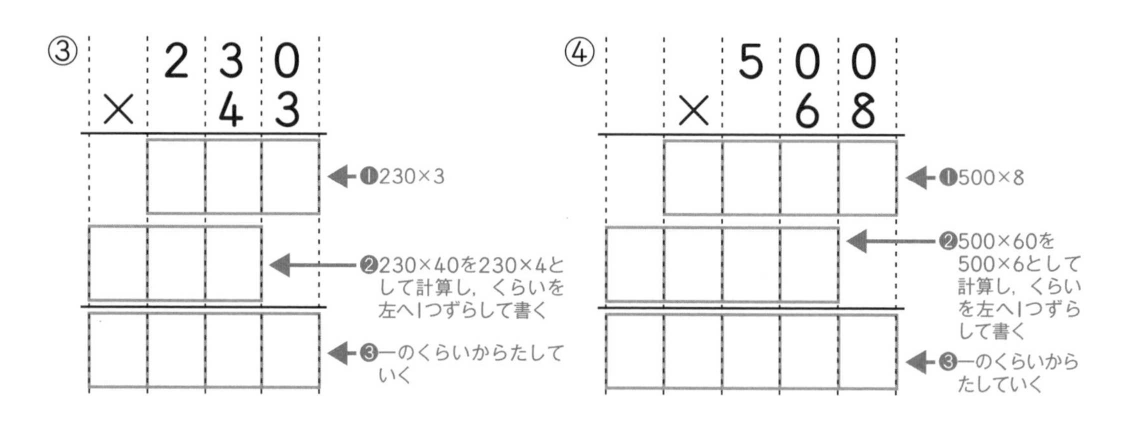

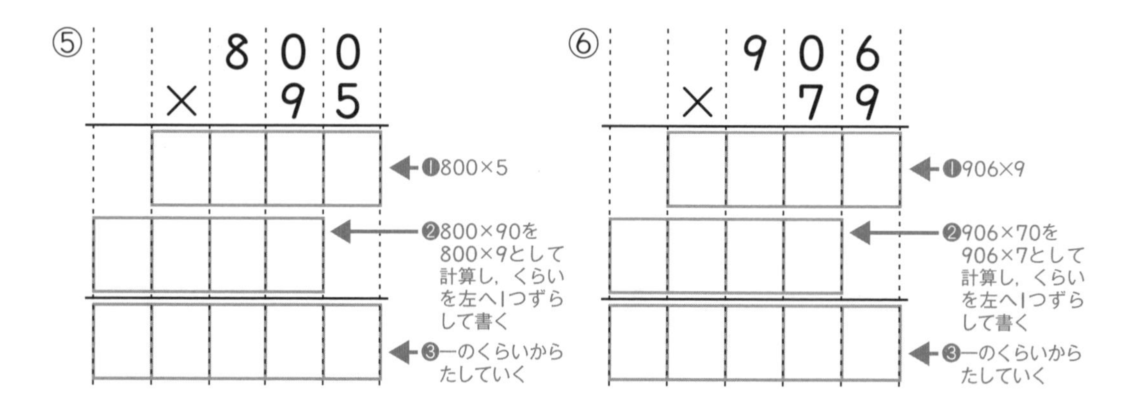

78 2けたの数をかけるかけ算④

▶▶▶ 答えはべっさつ14ページ

点数　　点

①～⑧：1問8点　⑨～⑫：1問9点

かけ算をしましょう。

① 105×24

② 408×35

③ 709×67

④ 280×46

⑤ 370×38

⑥ 440×25

⑦ 620×54

⑧ 760×67

⑨ 850×80

⑩ 300×45

⑪ 600×68

⑫ 800×93

2けたの数をかけるかけ算④

▶▶▶ 答えはべっさつ14ページ

①～⑧：1問8点　⑨～⑫：1問9点

点数　　点

かけ算をしましょう。

① 205×37

② 509×48

③ 807×76

④ 340×23

⑤ 290×41

⑥ 370×32

⑦ 560×54

⑧ 840×74

⑨ 930×90

⑩ 400×39

⑪ 700×57

⑫ 900×89

2けたの数をかけるかけ算④

▶▶▶ 答えはべっさつ14ページ

点

①～⑧：1問8点　⑨～⑫：1問9点

かけ算をしましょう。

① 304×56

② 607×62

③ 909×86

④ 410×21

⑤ 350×32

⑥ 280×44

⑦ 590×67

⑧ 820×87

⑨ 980×80

⑩ 500×46

⑪ 800×86

⑫ 900×98

81 答えが2けたのわり算①

▶▶▶ 答えはべっさつ14ページ

点数　　点

1問10点

わり算をしましょう。

① 20 ÷ 2 = □
10が2つぶん → 2 ÷ 2 = 1 → 10が1つぶん

② 40 ÷ 2 = □
10が4つぶん → 4 ÷ 2 = 2 → 10が2つぶん

③ 50 ÷ 5 = □
10が5つぶん → 5 ÷ 5 = 1 → 10が1つぶん

④ 60 ÷ 2 = □
10が6つぶん → 6 ÷ 2 = 3 → 10が3つぶん

⑤ 60 ÷ 3 = □
10が6つぶん → 6 ÷ 3 = 2 → 10が2つぶん

⑥ 60 ÷ 6 = □
10が6つぶん → 6 ÷ 6 = 1 → 10が1つぶん

⑦ 70 ÷ 7 = □
10が7つぶん → 7 ÷ 7 = 1 → 10が1つぶん

⑧ 80 ÷ 8 = □
10が8つぶん → 8 ÷ 8 = 1 → 10が1つぶん

⑨ 80 ÷ 2 = □
10が8つぶん → 8 ÷ 2 = 4 → 10が4つぶん

⑩ 90 ÷ 9 = □
10が9つぶん → 9 ÷ 9 = 1 → 10が1つぶん

82 答えが2けたのわり算①

▶▶▶ 答えはべっさつ14ページ

点数　　点

①～⑫：1問7点　⑬～⑭：1問8点

わり算をしましょう。

① 20 ÷ 2　　② 30 ÷ 3

③ 40 ÷ 4　　④ 40 ÷ 2

⑤ 50 ÷ 5　　⑥ 60 ÷ 6

⑦ 60 ÷ 3　　⑧ 60 ÷ 2

⑨ 70 ÷ 7　　⑩ 80 ÷ 8

⑪ 80 ÷ 4　　⑫ 80 ÷ 2

⑬ 90 ÷ 9　　⑭ 90 ÷ 3

答えが2けたのわり算②

▶▶▶ 答えはべっさつ14ページ

1問10点　　点

わり算をしましょう。

① $24 \div 2 =$ □

20と4に分けて考える
20÷2＝10
4÷2＝ 2

② $39 \div 3 =$ □

30と9に分けて考える
30÷3＝10
9÷3＝ 3

③ $44 \div 2 =$ □

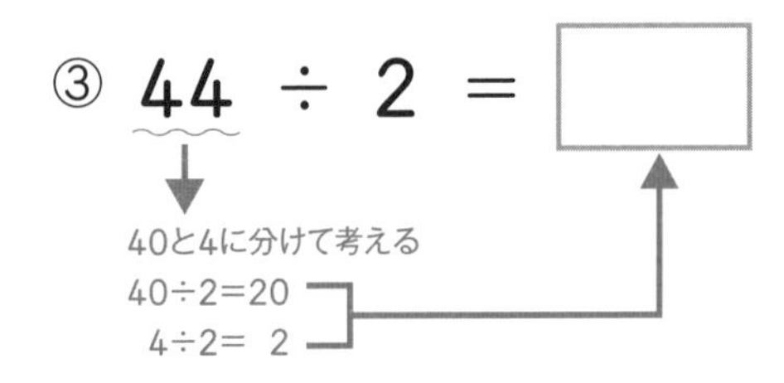

④ $48 \div 4 =$ □

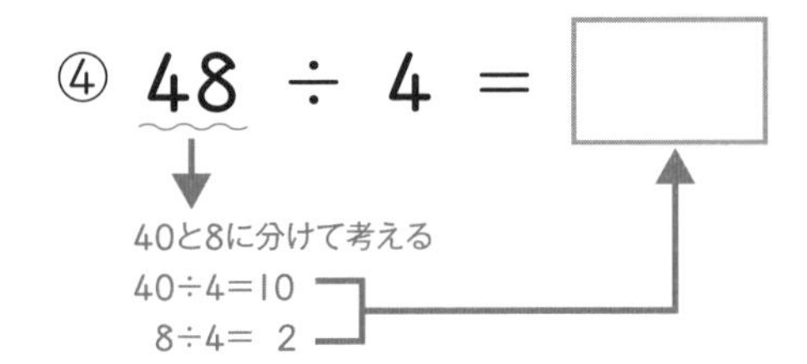

⑤ $55 \div 5 =$ □

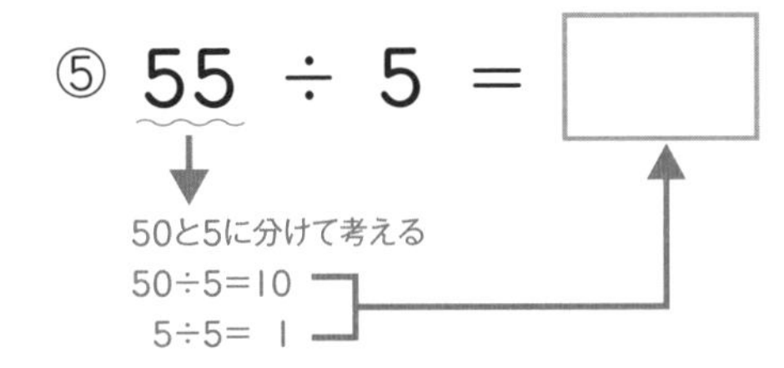

⑥ $63 \div 3 =$ □

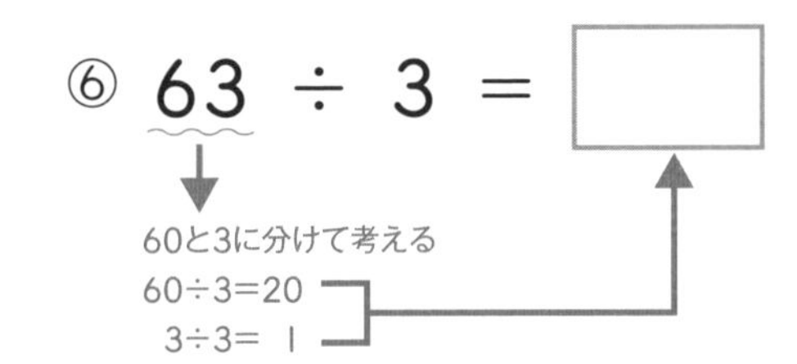

⑦ $68 \div 2 =$ □

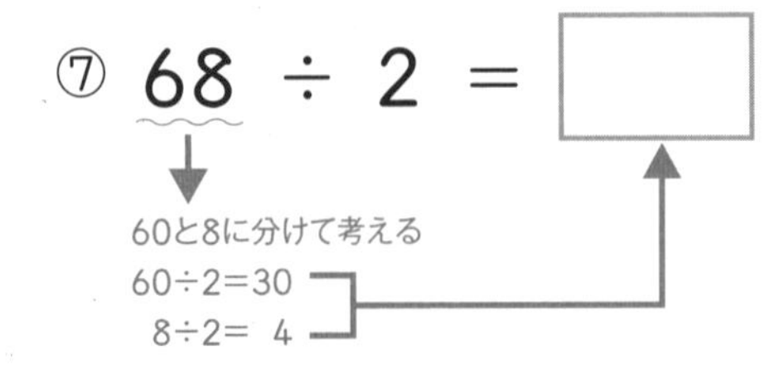

⑧ $77 \div 7 =$ □

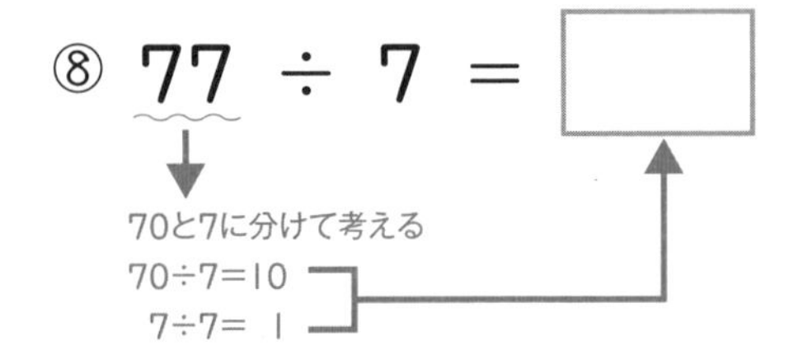

⑨ $84 \div 4 =$ □

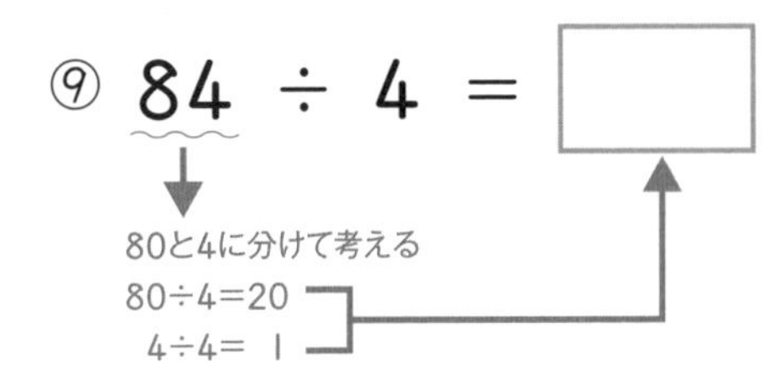

⑩ $88 \div 8 =$ □

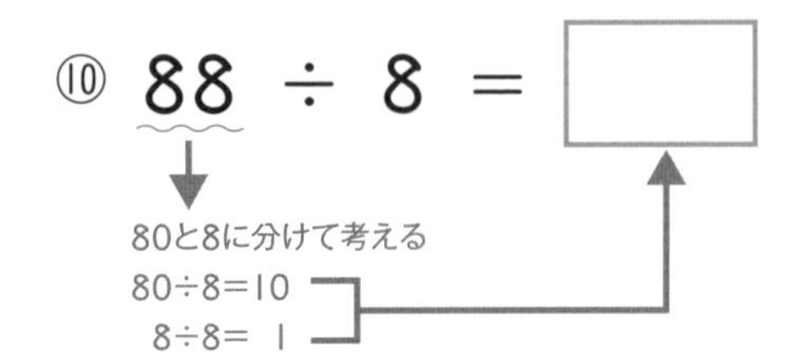

勉強した日　月　日

答えが2けたのわり算②

▶▶▶ 答えはべっさつ15ページ

①～⑧：1問5点　⑨～⑱：1問6点

点数　　点

わり算をしましょう。

① 22 ÷ 2　　② 39 ÷ 3

③ 88 ÷ 4　　④ 28 ÷ 2

⑤ 46 ÷ 2　　⑥ 33 ÷ 3

⑦ 55 ÷ 5　　⑧ 64 ÷ 2

⑨ 82 ÷ 2　　⑩ 66 ÷ 6

⑪ 63 ÷ 3　　⑫ 88 ÷ 2

⑬ 36 ÷ 3　　⑭ 84 ÷ 4

⑮ 93 ÷ 3　　⑯ 69 ÷ 3

⑰ 44 ÷ 4　　⑱ 88 ÷ 8

答えが2けたのわり算②

▶▶▶ 答えはべっさつ15ページ

①～⑧：1問5点　⑨～⑱：1問6点

点数　　点

わり算をしましょう。

① 26 ÷ 2　　② 99 ÷ 3

③ 33 ÷ 3　　④ 44 ÷ 2

⑤ 62 ÷ 2　　⑥ 48 ÷ 4

⑦ 66 ÷ 6　　⑧ 66 ÷ 2

⑨ 86 ÷ 2　　⑩ 48 ÷ 2

⑪ 99 ÷ 9　　⑫ 88 ÷ 4

⑬ 66 ÷ 3　　⑭ 77 ÷ 7

⑮ 68 ÷ 2　　⑯ 96 ÷ 3

⑰ 36 ÷ 3　　⑱ 84 ÷ 2

勉強した日　　月　　日

86 かけ算・わり算のまとめ
クロスワードパズル

▶▶▶答えはべっさつ15ページ

数字のクロスワードパズルだよ！たてのカギ，よこのカギを計算して，1マスに1つずつ数字を書こう。クロスワードをかんせいさせたら，いちばん多く出てきた数字を答えよう！

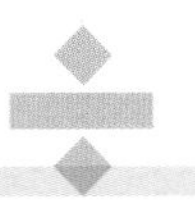

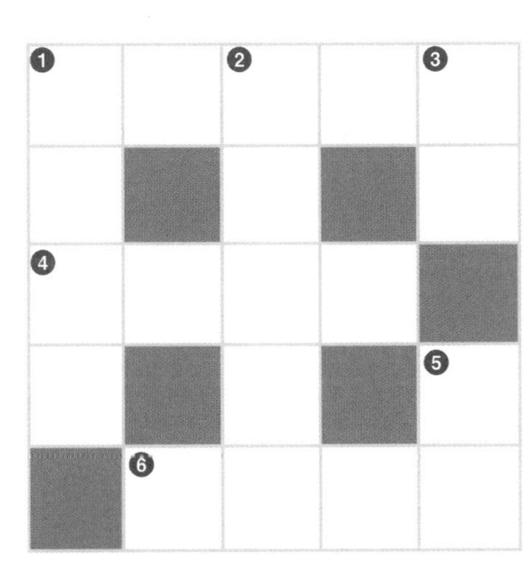

たてのカギ

たてならびに数字を書こう！

❶ 81×79

❷ 590×67

❸ 40÷2

❺ 82÷2

よこのカギ

よこならびに数字を書こう！

❶ 807×76

❹ 250×37

❻ 79×89

いちばん多く出てきた数字は…

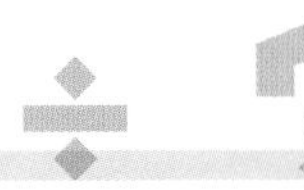

87 分数のたし算

答えはべっさつ15ページ

①～④：1問12点　⑤～⑧：1問13点

たし算をしましょう。

① $\frac{1}{3}+\frac{1}{3}=\frac{\square}{\square}$　（←1+1）（←分母はかわらない）

② $\frac{1}{4}+\frac{2}{4}=\frac{\square}{\square}$　（←1+2）（←分母はかわらない）

③ $\frac{2}{5}+\frac{2}{5}=\frac{\square}{\square}$　（←2+2）（←分母はかわらない）

④ $\frac{2}{6}+\frac{3}{6}=\frac{\square}{\square}$　（←2+3）（←分母はかわらない）

⑤ $\frac{2}{8}+\frac{3}{8}=\frac{\square}{\square}$　（←2+3）（←分母はかわらない）

⑥ $\frac{1}{2}+\frac{1}{2}=\frac{\square}{\square}=\square$　（←1+1）（←分母はかわらない）

⑦ $\frac{2}{3}+\frac{1}{3}=\frac{\square}{\square}=\square$　（←2+1）（←分母はかわらない）

⑧ $\frac{1}{4}+\frac{3}{4}=\frac{\square}{\square}=\square$　（←1+3）（←分母はかわらない）

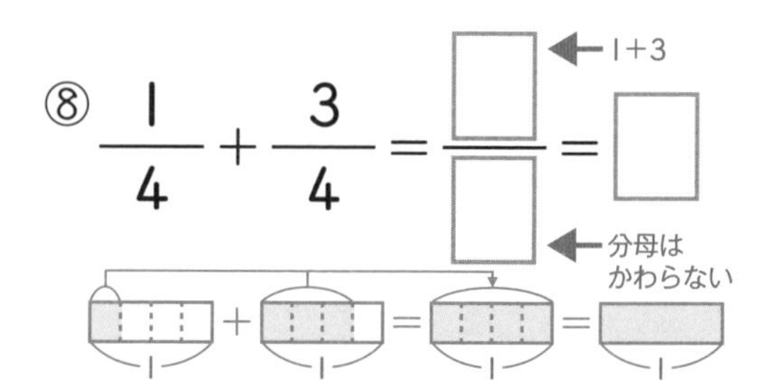

88 分数のたし算

▶▶▶ 答えはべっさつ15ページ

①～⑫：1問6点　⑬～⑯：1問7点

たし算をしましょう。

① $\frac{1}{4}+\frac{1}{4}$

② $\frac{2}{5}+\frac{1}{5}$

③ $\frac{1}{6}+\frac{3}{6}$

④ $\frac{1}{7}+\frac{2}{7}$

⑤ $\frac{3}{8}+\frac{4}{8}$

⑥ $\frac{4}{9}+\frac{3}{9}$

⑦ $\frac{2}{7}+\frac{2}{7}$

⑧ $\frac{2}{9}+\frac{6}{9}$

⑨ $\frac{1}{3}+\frac{2}{3}$

⑩ $\frac{3}{4}+\frac{1}{4}$

⑪ $\frac{4}{5}+\frac{1}{5}$

⑫ $\frac{3}{6}+\frac{3}{6}$

⑬ $\frac{4}{7}+\frac{3}{7}$

⑭ $\frac{6}{8}+\frac{2}{8}$

⑮ $\frac{1}{9}+\frac{8}{9}$

⑯ $\frac{2}{6}+\frac{4}{6}$

勉強した日　月　日

89 分数のたし算

▶▶▶ 答えはべっさつ15ページ

①～⑫：1問6点　⑬～⑯：1問7点

点数　　点

たし算をしましょう。

① $\frac{1}{5}+\frac{2}{5}$

② $\frac{1}{6}+\frac{2}{6}$

③ $\frac{3}{7}+\frac{1}{7}$

④ $\frac{1}{7}+\frac{5}{7}$

⑤ $\frac{3}{8}+\frac{3}{8}$

⑥ $\frac{2}{9}+\frac{5}{9}$

⑦ $\frac{3}{9}+\frac{4}{9}$

⑧ $\frac{4}{8}+\frac{3}{8}$

⑨ $\frac{2}{4}+\frac{2}{4}$

⑩ $\frac{1}{2}+\frac{1}{2}$

⑪ $\frac{2}{5}+\frac{3}{5}$

⑫ $\frac{4}{6}+\frac{2}{6}$

⑬ $\frac{1}{7}+\frac{6}{7}$

⑭ $\frac{5}{8}+\frac{3}{8}$

⑮ $\frac{5}{7}+\frac{2}{7}$

⑯ $\frac{4}{9}+\frac{5}{9}$

分数のたし算

▶▶▶ 答えはべっさつ15ページ

①～⑫：1問6点　⑬～⑯：1問7点

点

たし算をしましょう。

① $\frac{1}{4}+\frac{2}{4}$

② $\frac{3}{5}+\frac{1}{5}$

③ $\frac{2}{6}+\frac{3}{6}$

④ $\frac{2}{7}+\frac{2}{7}$

⑤ $\frac{2}{8}+\frac{4}{8}$

⑥ $\frac{1}{6}+\frac{4}{6}$

⑦ $\frac{2}{9}+\frac{3}{9}$

⑧ $\frac{4}{9}+\frac{4}{9}$

⑨ $\frac{1}{5}+\frac{4}{5}$

⑩ $\frac{1}{6}+\frac{5}{6}$

⑪ $\frac{2}{6}+\frac{4}{6}$

⑫ $\frac{2}{8}+\frac{6}{8}$

⑬ $\frac{3}{7}+\frac{4}{7}$

⑭ $\frac{7}{8}+\frac{1}{8}$

⑮ $\frac{3}{9}+\frac{6}{9}$

⑯ $\frac{2}{10}+\frac{8}{10}$

勉強した日　月　日

分数のひき算①

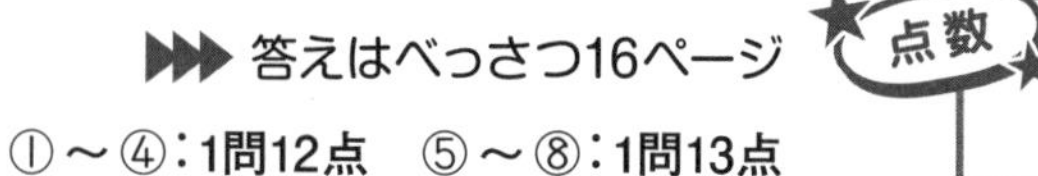

ひき算をしましょう。

① $\frac{2}{3} - \frac{1}{3} = \frac{\square}{\square}$ ←2−1　←分母はかわらない

1 − 1 = 1

② $\frac{3}{4} - \frac{2}{4} = \frac{\square}{\square}$ ←3−2　←分母はかわらない

1 − 1 = 1

③ $\frac{4}{5} - \frac{2}{5} = \frac{\square}{\square}$ ←4−2　←分母はかわらない

1 − 1 = 1

④ $\frac{5}{6} - \frac{4}{6} = \frac{\square}{\square}$ ←5−4　←分母はかわらない

1 − 1 = 1

⑤ $\frac{3}{5} - \frac{1}{5} = \frac{\square}{\square}$ ←3−1　←分母はかわらない

1 − 1 = 1

⑥ $\frac{4}{6} - \frac{3}{6} = \frac{\square}{\square}$ ←4−3　←分母はかわらない

1 − 1 = 1

⑦ $\frac{5}{8} - \frac{2}{8} = \frac{\square}{\square}$ ←5−2　←分母はかわらない

1 − 1 = 1

⑧ $\frac{6}{8} - \frac{5}{8} = \frac{\square}{\square}$ ←6−5　←分母はかわらない

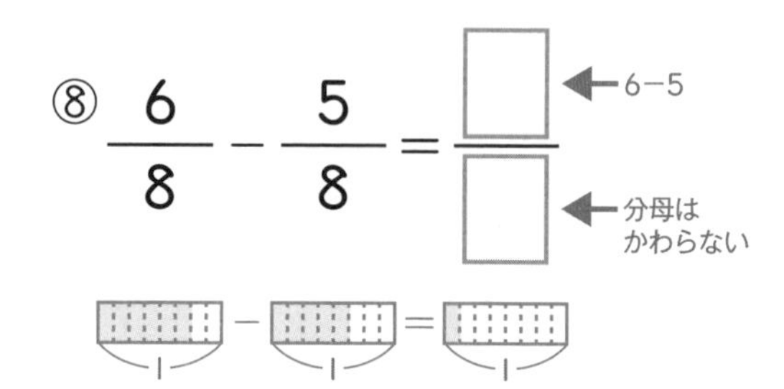

1 − 1 = 1

92 分数のひき算①

▶▶▶ 答えはべっさつ16ページ

①～⑫：1問6点　⑬～⑯：1問7点

点

ひき算をしましょう。

① $\frac{2}{4}-\frac{1}{4}$

② $\frac{2}{5}-\frac{1}{5}$

③ $\frac{4}{6}-\frac{2}{6}$

④ $\frac{4}{7}-\frac{1}{7}$

⑤ $\frac{4}{5}-\frac{1}{5}$

⑥ $\frac{3}{8}-\frac{2}{8}$

⑦ $\frac{6}{7}-\frac{2}{7}$

⑧ $\frac{3}{6}-\frac{1}{6}$

⑨ $\frac{6}{9}-\frac{3}{9}$

⑩ $\frac{3}{5}-\frac{2}{5}$

⑪ $\frac{5}{8}-\frac{3}{8}$

⑫ $\frac{4}{7}-\frac{3}{7}$

⑬ $\frac{5}{6}-\frac{4}{6}$

⑭ $\frac{7}{9}-\frac{2}{9}$

⑮ $\frac{8}{9}-\frac{6}{9}$

⑯ $\frac{7}{8}-\frac{5}{8}$

93 分数のひき算②

1問25点

ひき算をしましょう。

①
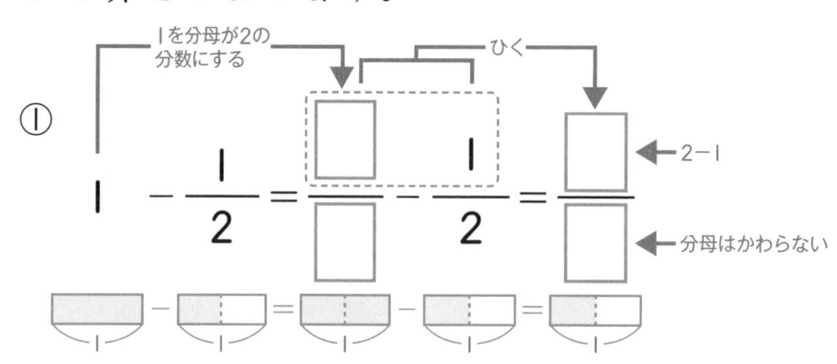

$1-\frac{1}{2}=\frac{\square}{\square}-\frac{1}{2}=\frac{\square}{\square}$

②
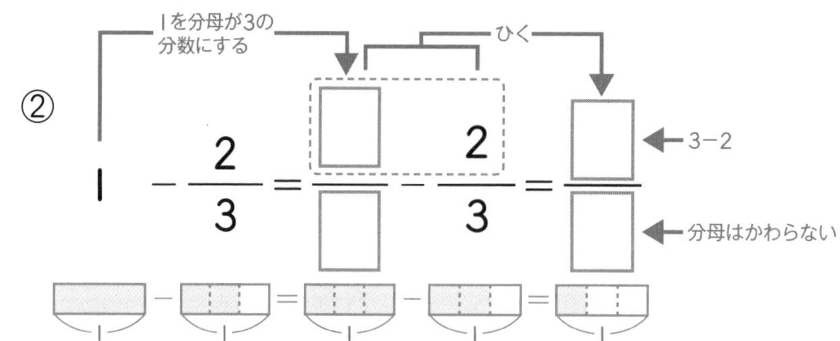

$1-\frac{2}{3}=\frac{\square}{\square}-\frac{2}{3}=\frac{\square}{\square}$

③
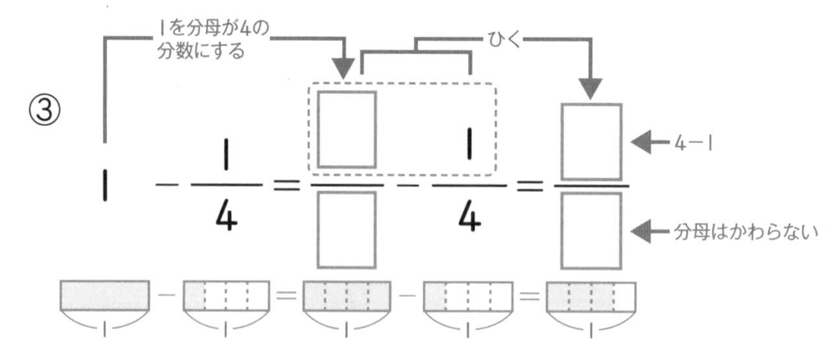

$1-\frac{1}{4}=\frac{\square}{\square}-\frac{1}{4}=\frac{\square}{\square}$

④
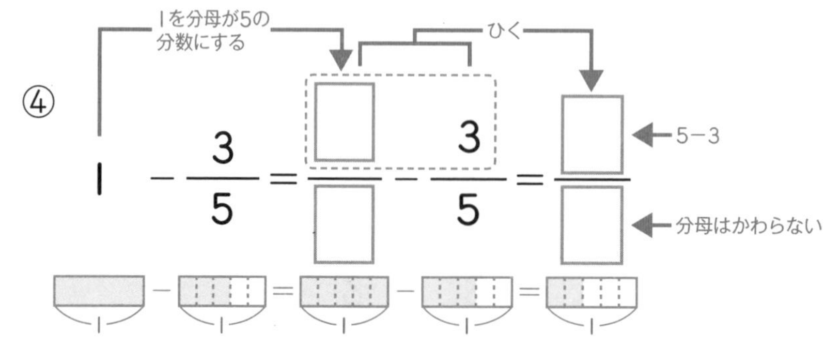

$1-\frac{3}{5}=\frac{\square}{\square}-\frac{3}{5}=\frac{\square}{\square}$

分数のひき算②

答えはべっさつ16ページ

点

①～⑫：1問6点　⑬～⑯：1問7点

ひき算をしましょう。

① $1-\frac{1}{3}$　　② $1-\frac{1}{4}$

③ $1-\frac{2}{5}$　　④ $1-\frac{2}{6}$

⑤ $1-\frac{3}{4}$　　⑥ $1-\frac{3}{7}$

⑦ $1-\frac{4}{8}$　　⑧ $1-\frac{1}{5}$

⑨ $1-\frac{1}{7}$　　⑩ $1-\frac{5}{9}$

⑪ $1-\frac{4}{5}$　　⑫ $1-\frac{3}{6}$

⑬ $1-\frac{7}{8}$　　⑭ $1-\frac{5}{7}$

⑮ $1-\frac{4}{6}$　　⑯ $1-\frac{8}{9}$

勉強した日　　月　　日 

95 分数のたし算・ひき算のまとめ
計算ぬり絵

▶▶▶ 答えはべっさつ16ページ

分数の計算をして，答えがのっているところを，
どんどんぬっていこう！ぜんぶぬったら，ある形がうかんでくるよ。
さあ，どんな形かな？

分数の計算

$\frac{4}{9}+\frac{3}{9}$　　$\frac{6}{7}-\frac{2}{7}$　　$1-\frac{3}{5}$

$\frac{2}{6}+\frac{3}{6}$　　$\frac{7}{8}-\frac{6}{8}$　　$1-\frac{1}{4}$